国家电网
STATE GRID

国网能源研究院有限公司
STATE GRID ENERGY RESEARCH INSTITUTE CO., LTD.

2024
中国新能源发电
分析报告

国网能源研究院有限公司　编著

中国电力出版社
CHINA ELECTRIC POWER PRESS

国网
能源研究
STATE GRID
ENERGY RESEARCH

图书在版编目（CIP）数据

中国新能源发电分析报告.2024／国网能源研究院
有限公司编著. -- 北京：中国电力出版社，2025.6.
ISBN 978-7-5198-9870-0

Ⅰ.TM61

中国国家版本馆 CIP 数据核字第 2025EV0400 号

出版发行：中国电力出版社
地　　址：北京市东城区北京站西街 19 号（邮政编码 100005）
网　　址：http://www.cepp.sgcc.com.cn
责任编辑：娄雪芳（010-63412375）
责任校对：黄　蓓　郝军燕
装帧设计：赵姗姗
责任印制：吴　迪

印　　刷：北京瑞禾彩色印刷有限公司
版　　次：2025 年 6 月第一版
印　　次：2025 年 6 月北京第一次印刷
开　　本：787 毫米×1092 毫米　16 开本
印　　张：6.25
字　　数：85 千字
印　　数：0001—1500 册
定　　价：138.00 元

声　明

　　一、本报告著作权归国网能源研究院有限公司单独所有。如基于商业目的需要使用本报告中的信息（包括报告全部或部分内容），应经书面许可。

　　二、本报告中部分文字和数据采集于公开信息，相关权利为原著者所有，如对相关文献和信息的解读有不足、不妥或理解错误之处，敬请原著者随时指正。

前　言

2023 年，新能源发电年度新增装机容量和发电量再创历史新高，持续占据新增电力的主体地位。我国新能源发电步入高质量发展的新阶段，同时注重量的增长与质的提升。未来，新能源发电仍将面临机遇与挑战并存的局面。鉴于上述情况，加强跟踪分析和研判我国新能源发电发展趋势，并对新能源发电领域焦点问题开展专题分析，有助于全面把握新能源发电的发展态势，可为政府部门、电力企业和社会各界提供有价值的参考。

《中国新能源发电分析报告》是国网能源研究院有限公司 2024 年度系列分析报告之一。自 2010 年以来已经连续出版了 14 年，今年是第 15 年。本报告重点对中国新能源发电开发建设、并网运行和利用、市场化交易、经济性、产业政策、焦点问题等进行分析和研究。本报告研究内容与本年度其他年度报告相辅相成，互为补充。本报告采用国内外能源相关统计机构发布的最新数据，主要数据来自中国电力企业联合会、中国可再生能源学会风能专委会、中国可再生能源学会太阳能热专委会、中国光伏行业协会、国家电网有限公司、国际可再生能源署（IRENA）、彭博新能源财经（BNEF）等。

本报告共分为 6 章。第 1 章为新能源发电开发建设，主要分析了新能源发电开发和配套电网工程建设情况；第 2 章为新能源发电并网运行和利用，主要分析了新能源发电量、发电利用以及调度运行等情况；第 3 章为新能源发电市场化交易，梳理总结了新能源发电参与市场交易、绿色电力交易以及新兴主体参与市场交易等情况；第 4 章为新能源发电经济性，从初始投资成本以及平准化度电成本两个维度分析了风电、太阳能发电的经济性，研判了未来成本变化趋势；第 5 章为新能源发电产业政策，梳理分析了中国 2023 年最新出台的新能源产业政策要求；第 6 章是专题研究，选取本年度新能源发电领域 3 个重点问题，进行深入研究分析。

　　限于作者水平，虽然对书稿进行了反复研究推敲，但难免仍会存在疏漏与不足之处，期待读者批评指正！

编著者

2024 年 12 月

目　录

概　　论

2023年，是全面贯彻党的二十大精神的开局之年，是实施"十四五"规划承上启下的关键之年。在过去的一年里，我国积极稳妥推进碳达峰碳中和，深入推进能源绿色低碳转型，在新能源的发展上取得了显著成就。在发挥政策指引、鼓励灵活性电源开发、加快输电通道建设、优化调度运行、推动电力市场建设等方面持续发力，促进新能源发展和消纳，新能源发电利用率继续保持在较高水平。本报告编写组对2023年度中国新能源发电开发建设、并网运行和利用、市场化交易、经济性、产业政策等进行了分析研究，并针对2023年新能源发电领域焦点问题开展了专题分析。

（一）新能源发电发展特征

新能源发电[1]新增装机容量翻番，全国新能源累计装机容量突破10亿kW。 截至2023年底，我国新能源发电装机容量突破10亿kW，达到10.5亿kW，在全国发电总装机容量中的比重达到36%，超过1/3。其中，风电装机容量4.4亿kW、太阳能发电装机容量6.1亿kW，分别连续14年、9年稳居世界第一，分别约占全球的43%、42%。新能源发电新增装机容量2.9亿kW，是2022年的2.4倍，占全国电源新增总装机容量的79%，已经成为新增发电装机的主体。青海、甘肃、河北、宁夏等22个省区新能源发电装机占比超过30%，其中青海和甘肃新能源装机占比超过60%。

新能源发电量占比首次超过15%，进入高比例新能源阶段。 2023年，我国

---

[1]　如无特殊说明，本报告中的新能源发电统计数据仅含风电、太阳能发电，下同。

新能源发电量 14 691 亿 kW·h，同比增长 23%，占总发电量的 15.8%，同比提高 2.1 个百分点，进入国际能源署（IEA）等机构预测的高比例新能源阶段。青海等 9 个省区新能源发电量占用电量比例超过 20%，其中，青海、甘肃、宁夏占比超过 40%。我国新能源利用继续保持较高水平，利用率为 97.6%，自 2018 年以来连续六年超过 95%，与德国等发达国家水平相当。

分布式光伏与集中式光伏并举态势进一步凸显。2023 年，我国分布式光伏发电新增装机容量 8589 万 kW，占全部光伏发电新增装机容量超过四成，达到 44.5%。截至 2023 年底，分布式光伏装机容量达到 2.4 亿 kW，同比增长 54%，占全部光伏装机容量的 40%。其中，户用光伏继续为分布式光伏发展贡献主要力量，新增户用分布式光伏装机容量 4348 万 kW，占全部分布式光伏新增装机容量的 50.6%。

新能源并网和送出工程建设持续加强，新能源大范围资源优化配置能力进一步提升。2023 年，集中投产一批省内和跨省跨区输电工程，建成投运多项提升新能源消纳能力的省内重点输电工程，进一步促进新能源大范围优化配置。截至 2023 年底，全国累计建成"18 交 20 直"共 38 条特高压输电工程，全国跨省跨区输电能力超过 3 亿 kW。

电力系统平衡调节能力持续提升，保障新能源利用率保持在较高水平。2023 年，持续提升新能源功率预测精度，面向低温寒潮、沙尘等重大天气过程的新能源发电功率预测技术实现初步应用，有效降低极端天气下的新能源预测偏差。合理优化新能源纳入电力电量平衡比例，统筹开展电网平衡形势研判、中长期交易组织及日前方式安排。充分发挥统一调度优势，依托大电网实施跨省跨区输送、调峰互济、备用共享，促进新能源"多发满发"，有效解决局部地区、集中时段新能源消纳困难。

启动跨省区的新能源现货交易，适应新能源发电占比提高的电力市场建设进度加快。在总结跨区域省间富余可再生能源现货交易试点经验的基础上开展省间电力现货交易，并进一步完善适应新能源跨省区消纳的电力市场机制，缩短交易周期，提高交易频次，丰富交易品种，创新开展分时段交易机制。2023年新能源市场化交易电量6845亿kW·h，占新能源发电量的47.3%。电力辅助服务机制全年挖掘系统调节能力超1.17亿kW，年均促进清洁能源增发电量超1200亿kW·h。

绿电绿证交易规模进一步扩大。2023年，绿电交易规模进一步扩大，绿电交易电量611亿kW·h，同比增长327%，自2021年9月绿电交易启动以来，累计完成绿电交易电量830亿kW·h。分省区看，2023年国家电网公司经营区绿电交易电量排名前五的是冀北、浙江、江苏、辽宁和安徽，分别达到197亿、82亿、52亿、49亿、39亿kW·h。2023年，绿证交易规模快速增长，国家电网公司经营区绿证交易量达到2364万张，同比增长约15倍。

风光发电成本进一步下降。根据彭博新能源财经测算，2023年我国陆上风电平准化度电成本为0.184~0.363元/（kW·h），海上风电度电成本为0.395~0.703元/（kW·h），光伏发电平准化度电成本为0.207~0.363元/（kW·h）。2023年，随着供应链错配得到解决，光伏组件价格呈下降快速趋势，带动我国光伏发电项目显著发展，未来组件价格将延续下降趋势。

（二）专题研究

针对全球可再生能源装机，梳理分析国际组织及世界主要经济体对可再生能源装机目标展望情况，结合G20、COP28、中美《关于加强合作应对气候危机的阳光之乡声明》（简称声明）提出的全球装机目标，研究分析实现预定目标的可行性。一是G20领导人新德里峰会宣言、《联合国气候变化框架公约》第28次缔约方大会（COP28）、声明均提出到2030年底，全球可再生能源装机需要新增现有装机的2倍左右。二是IRENA及IEA同样认为，为达到1.5℃气候目标及2050年净零排放目标，到2030年世界需要将全球可再生能源装机容量提高约2倍，而美国能源信息署（EIA）预测结果则相较IRENA和IEA预测结果偏保守，认为2030年全球可再生能源装机很难提高2倍。三是欧盟、美国、印度、德国、英国等主要经济体均提出了可再生能源装机或占比目标，但英国或将推迟一系列关键气候目标，未来可再生能源发展存在不确定性。**四是**根据各国目前公布的可再生能源装机目标的新增装机情况，各国到 2030 年，实现新增本国目前装机容量的两倍普遍存在一定难度，且部分国家存在放弃现有承诺的情况，达成"全球两倍目标"面临较大的挑战。

针对绿证与可再生能源消纳保障机制衔接，分析我国绿证制度与消纳责任权重衔接面临的问题与挑战，提出衔接机制设计。一是我国绿证与消纳责任权重衔接仍面临一系列问题，包括促进绿色电力消费的激励和约束机制未能有效贯通，绿证未能实现在用户侧全传导。绿色消费核算认证体系尚未建立。绿色电力消费核算体系与碳核算衔接机制缺失等。**二是**需推动落实市场主体消纳可再生能源的责任，通过完善绿证制度和消纳责任权重制度，将省级消纳责任权重指标分解至各承担消纳责任的市场主体，具体分配方案可考虑用户等比例分配方案、差异化分配方案分配两种。**三是**应加快健全可再生能源消费统计核算机制。进一步明确绿色电力证书在消纳量和消费量统计核算方面的权威性、唯一性、通用性和主导性，以绿证为抓手健全可再生能源消费统计核算机制。**四是**要做好可再生能源电力消费与碳排放机制的衔接。构建基于绿证的可再生能源消纳责任制度，以绿证消费促进可再生能源消纳，完善碳市场核算规则，加强绿证抵扣的相关标准制度体系建设。

针对源网荷储一体化发展，详细梳理国家和各地方源网荷储一体化发展政策要求及推进现状，总结源网荷储一体化在接网服务、技术规范、系统调节、市场公平等方面的重点问题，提出了推动源网荷储一体化项目科学有序发展的建议。一是加强统一规划，确保源网协同发展。新能源、负荷、储能、供电设施等作为整体统一纳入政府相关规划，实行一体化核准，同步建设、同步投产。**二是加强规范管理，确保科学有序开发。**一体化项目应具备分表计量条件，为准确统计发用电情况、计算可再生能源消纳权重、能耗双控和碳排放双控等提供计量基础。**三是加强统一调度，保障系统安全。**项目中电源、储能、可调节负荷均应具备"可观、可测、可调、可控"条件，具备接收大电网调度管理能力。**四是完善政策机制，确保公平承担各类成本**。合理计征输配电价容（需）量电费、政府性基金及附加、政策性交叉补贴及系统运行费用。**五是坚持市场化原则，充分发挥市场作用**。积极探索新型交易品种和商业模式，推动一体化项目作为整体参与市场交易，并接受市场偏差考核。

（撰写人：叶小宁　审核人：代红才、王彩霞）

1

新能源发电开发建设

1.1　新能源发电总体情况

新能源发电新增装机容量翻番，持续保持高速增长势头。2023 年，我国新能源累计装机容量达到 10.5 亿 kW，同比增长 38.6%，占全国总装机容量的比重达到 36.0%，占比同比提高 6.4 个百分点，如图 1-1 所示。我国新能源发电累计装机容量连续十一年位居世界第一。其中，风电并网容量 4.4 亿 kW，太阳能发电并网容量 6.1 亿 kW，分别占全部发电并网容量的 15.1% 和 20.9%。2023 年我国电源装机容量构成如图 1-2 所示。新能源发电新增装机容量 2.9 亿 kW，是 2022年的 2.4 倍，占全国电源新增总装机容量的 79%[1-2]。

图 1-1　2013－2023 年我国新能源发电累计装机容量及占比

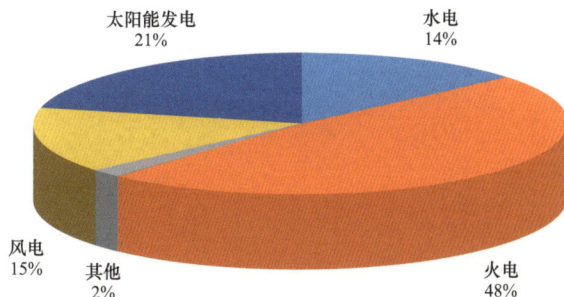

图 1-2　2023 年我国电源装机容量构成

22 个省区新能源发电装机容量占比超过 30%。 截至 2023 年底，青海、甘肃、河北、宁夏等 22 个省区新能源发电装机容量占本省电源总装机容量的比例超过 30%。

27 个省区新能源发电成为第一、第二大电源。 2023 年，青海、甘肃、河北、宁夏的新能源发电作为省内第一大电源继续保持领先，新能源发电装机容量占比均超过 50%。内蒙古、西藏、新疆、吉林、江西、山西、黑龙江等 24 个省区的新能源发电成为第二大电源，如表 1-1 所示。

表 1-1　　2023 年新能源发电装机成为第一、第二大电源的省区

省区	新能源装机容量占比（%）	风电装机容量（万 kW）	太阳能发电装机容量（万 kW）
青海	69	1185	2561
甘肃	60	2614	2540
河北	59	3141	5416
宁夏	52	1464	2137
内蒙古	43	6961	2306
西藏	43	18	257
新疆	43	3258	3007
河南	43	2178	3731
辽宁	42	1429	958
山东	41	2591	5693
江西	41	573	1993
吉林	41	1268	460
海南	39	31	472
江苏	38	2286	3928
黑龙江	38	1127	565
山西	38	2500	2490
浙江	37	584	3357

续表

省区	新能源装机容量占比（%）	风电装机容量（万 kW）	太阳能发电装机容量（万 kW）
陕西	37	1285	2292
安徽	37	722	3223
广西	36	1267	1090
福建	34	762	875
湖南	33	972	1252
广东	30	1657	2522
云南	27	1531	2072
天津	26	171	490
上海	13	107	289
北京	10	24	108

新能源整体装机在"三北"地区占比降至 50% 以下。 截至 2023 年底，"三北"地区新能源发电累计装机容量 5.2 亿 kW，占全国新能源发电装机容量的 49.3%。其中，风电累计装机容量 2.6 亿 kW，占比 59.9%；太阳能发电累计装机容量 2.5 亿 kW，占比 41.6%。

新能源发电新增装机主要分布在消纳较好的"三华"地区。 2023 年，在可再生能源消纳保障机制引导下，新能源布局持续优化，56% 的新能源新增装机分布在利用情况较好的"三华"地区。

1.2　风　　电

风电新增装机再创历史新高。 2023 年，全国风电新增装机容量 7566 万 kW，风电累计装机容量 4.4 亿 kW，同比增长 20.8%，占全国总装机容量的 15.1%，自 2010 年起连续 14 年保持世界第一。2015—2023 年我国风电新增装机容量、累计装机容量及占比情况如图 1-3 所示。

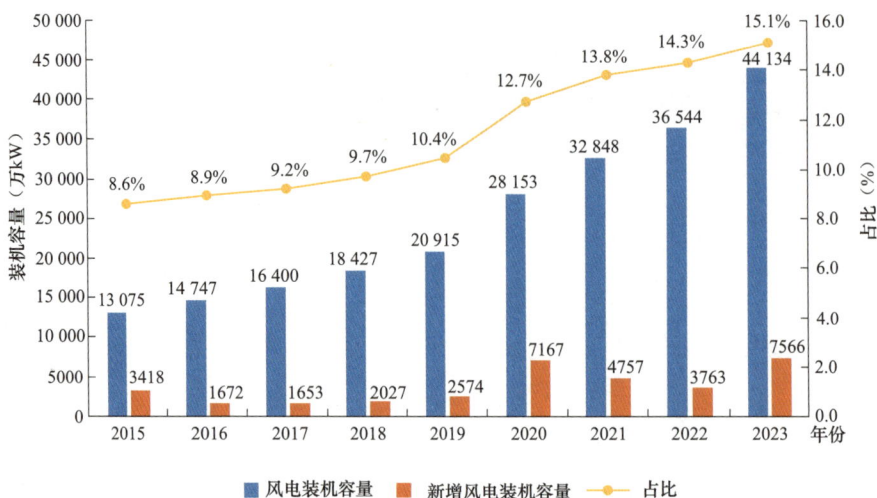

图 1-3　2015－2023 年我国风电新增装机容量、累计装机容量及占比情况

分区域看，我国风电装机主要集中分布在东北、西北和华北北部地区，东中部和南部地区风电装机容量较少，近几年受消纳形势以及海上风电发展影响，东中部和南部地区风电装机增速不断提高，但持续多年形成的"北多南少"的风电装机布局短期难以改变。

分省来看，2023 年我国 17 个省区风电累计并网容量超过 1000 万 kW，依次为内蒙古、新疆、河北、甘肃、山东、山西、江苏、河南、广东、云南、宁夏、辽宁、陕西、吉林、广西、青海、黑龙江，2023 年主要省区风电累计装机容量如表 1-2 所示。

表 1-2　　　　　　　　　2023 年主要省区风电累计装机容量　　　　　　万 kW

省区	风电累计装机容量
内蒙古	6961
新疆	3258
河北	3141
甘肃	2614
山东	2591
山西	2500

续表

省区	风电累计装机容量
江苏	2286
河南	2178
广东	1657
云南	1531
宁夏	1464
辽宁	1429
陕西	1285
吉林	1268
广西	1267
青海	1185
黑龙江	1127

海上风电增速放缓，同比略有降低。2023 年新增装机容量 410 万 kW，是 2022 年的 60%。截至 2023 年底，全国海上风电累计装机容量 3729 万 kW，主要集中在江苏、上海、福建、浙江和广东。2015—2023 年全国海上风电累计装机容量如图 1-4 所示。

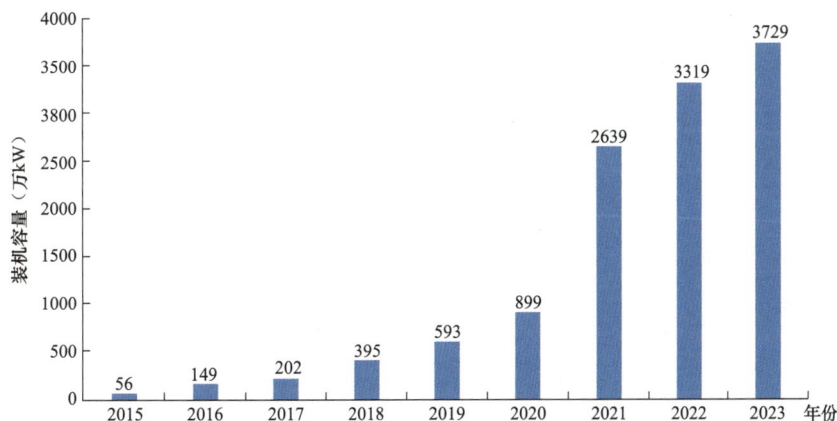

图 1-4　2015—2023 年全国海上风电累计装机容量

1.3 太阳能发电

（一）光伏发电

光伏发电新增装机容量超 2 亿 kW。2023 年，全国光伏发电新增装机容量 2.2 亿 kW，同比增长 252%，光伏发电累计装机容量 6.1 亿 kW，同比增长 55%，占全国总装机容量的 20.9%。我国光伏发电装机容量自 2015 年起连续 9 年保持世界第一，占全球的 1/3 以上。2014－2023 年我国光伏发电新增装机容量、累计装机容量及占比情况如图 1-5 所示。

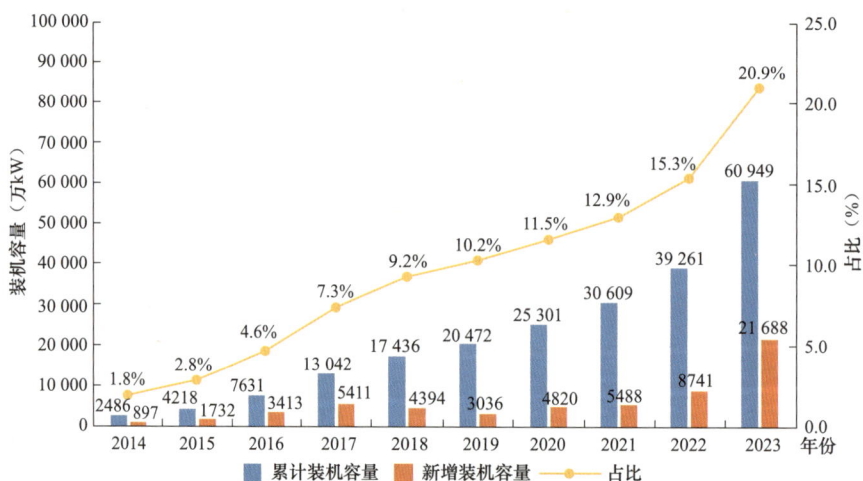

图 1-5　2014－2023 年我国光伏发电新增装机容量、累计装机容量及占比情况

分区域看，超五成光伏发电新增装机集中在"三华"地区，"三华"地区光伏发电新增装机容量 1.2 亿 kW，占全部光伏发电新增装机容量的 55.3%。

分省来看，2023 年，我国 20 个省区光伏发电累计装机容量超过 1000 万 kW，依次为山东、河北、江苏、河南、浙江、安徽、新疆、青海、甘肃、广东、山西、湖北、内蒙古、陕西、宁夏、云南、江西、贵州、湖南、广西，2023 年主要省区光伏发电累计装机容量如表 1-3 所示。

表 1-3　　　　　　2023 年主要省区光伏发电累计装机容量　　　　　万 kW

省区	光伏发电累计装机容量
山东	5693
河北	5416
江苏	3928
河南	3731
浙江	3357
安徽	3223
新疆	3007
青海	2561
甘肃	2540
广东	2522
山西	2490
湖北	2487
内蒙古	2306
陕西	2292
宁夏	2137
云南	2072
江西	1993
贵州	1644
湖南	1252
广西	1090

　　分布式光伏与集中式光伏并举态势进一步凸显。2023 年，我国分布式光伏发电新增装机容量 8589 万 kW，占全部光伏发电新增装机容量超过四成，达到 44.5%。截至 2023 年底，分布式光伏装机容量达到 2.4 亿 kW，同比增长 61%，占全部光伏装机容量的 42%，如图 1-6 所示。其中，户用光伏继续为分布式光伏

发展贡献主要力量，新增户用分布式光伏装机容量 4348 万 kW，占全部分布式光伏新增装机容量的 50.6%。

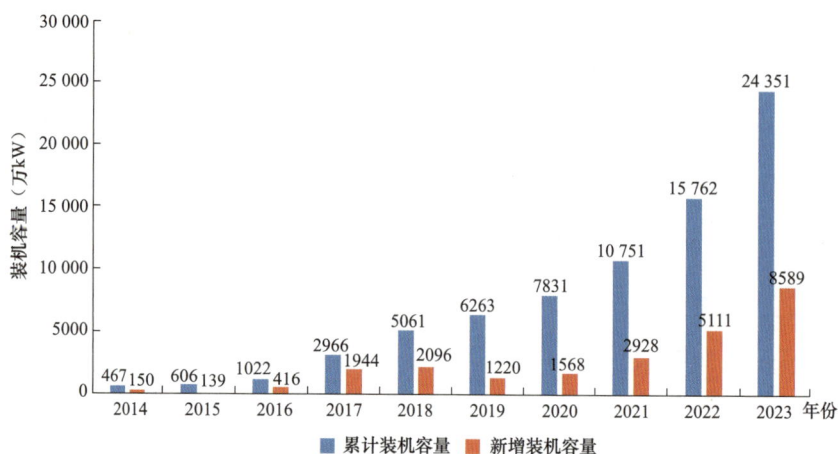

图 1-6　2014－2023 年全国分布式光伏发电累计和新增并网容量

（二）光热发电

光热发电进展较为缓慢。2023 年，我国无新增光热并网容量。截至 2023 年底，我国光热发电累计装机容量 47 万 kW，全部集中在青海、甘肃、新疆。分别是鲁能海西格尔木塔式光热电站、中电建青海共和塔式光热电站、中电工程哈密塔式光热电站、兰州大成敦煌熔盐线性菲涅尔式光热电站、甘肃酒泉玉门鑫能熔盐塔式光热电站和金帆能源阿克塞熔盐槽式光热电站。

1.4　其　　　他

生物质能发电装机规模稳步提升。2023 年，我国生物质能发电新增装机容量 282 万 kW，累计装机容量达到 4414 万 kW。其中，垃圾焚烧发电新增装机容量 191 万 kW，累计装机容量达到 2577 万 kW；农林生物质发电新增装机容量 64 万 kW，累计装机容量达到 1688 万 kW；沼气发电新增装机容量 26 万 kW，累计装机容量达到 149 万 kW。

1.5 新能源发电配套电网工程建设

2023 年，电网企业持续加强新能源并网和送出工程建设，加紧大型风光基地送出工程建设，集中投产一批省内和跨省跨区输电工程，建成投运多项提升新能源消纳能力的省内重点输电工程，进一步促进新能源大范围优化配置。

（一）典型大型风光基地送出工程建设

锡盟特高压外送二期 400 万 kV 风光项目送出工程： 工程线路长度 334km，工程投资 4 亿元。工程满足锡林浩特市、阿巴嘎旗、苏尼特左旗及查干淖尔共计 400 万 kW 新能源送出。项目投产后，每年可输送绿电 138.9 亿 kW·h，年节约标准煤 444.5 万 t，减少排放二氧化碳量 1092 万 t，对促进能源产业低碳、绿色、清洁可持续发展具有重要意义。

承德北 500kV 输变电工程： 工程线路长度 87km，工程投资 9 亿元。工程可汇集承德市丰宁县地区目前已明确规划的新能源装机容量，并为后续规划的新能源容量提供接入条件，可将承德西北部清洁能源电力送至京津冀负荷中心消纳，为京津冀地区协同发展提供清洁能源支撑。

（二）典型省内输电通道建设

白鹤滩－江苏 ±800kV 特高压直流受端配套 500kV 送出工程： 线路长度 311km，工程投资 23 亿元，提升新能源消纳能力 400 万 kW。工程作为白江特高压直流工程受端落点送出工程，助力来自白鹤滩水电站清洁电能在江苏南部地区消纳，提高清洁能源比重，环境效益显著。

浙北 ±800kV 特高压直流换流站配套 500kV 接入工程： 线路长度 306km，工程投资 15 亿元，提升新能源消纳能力 800 万 kW。工程为实现白鹤滩－浙江 ±800kV 特高压工程 800 万 kW 清洁水电全容量送浙提供重要消纳下送通道，为浙江电网迎峰度夏、度冬提供有力保障。

安徽亳州二 500kV 输变电工程： 线路长度 282km，工程投资 11 亿元，提升新能源消纳能力 170 万 kW。工程投运后能缓解 220kV 夏湖变电站、茨淮变电站新能源上送压力，解决坛城、公吉寺、陈桥二期和纪王场风电以及利辛、蒙城区域分布式光伏等消纳问题，解决迎峰度夏保供压力。

新疆塔城－乌苏 750kV 线路工程：线路长度 319km，工程投资 13 亿元，提升新能源消纳能力 500 万 kW。工程是新疆维吾尔自治区重点工程，建成后可增强北疆三地市的网架结构，同时在促进新能源消纳、推动当地能源资源等方面具有重要意义。

（三）特高压输电工程建设

金上－湖北 ±800kV 直流特高压输电工程。工程全长 1801km，输送容量为 800 万 kW，项目投资 343 亿元，是目前世界上海拔最高的特高压直流输电工程。

宁夏－湖南 ±800kV 直流特高压输电工程。工程全长 1619km，输送容量为 800 万 kW，项目投资 281 亿元，是我国首条"沙戈荒"基地外送电的特高压直流工程。

哈密－重庆 ±800kV 直流特高压输电工程。工程全长 2290km，输送容量 800 万 kW，项目投资 286 亿元，该工程建成后，新疆将形成哈密送郑州、准东送皖南、哈密送重庆三条特高压直流输电通道。

陇东－山东 ±800kV 直流特高压输电工程。工程全长 926km，输送容量 800 万 kW，项目投资 202 亿元，是我国首个"风光火储一体化"送电的特高压工程。

陕北－安徽 ±800kV 直流特高压输电工程。工程全长 1069km，输送容量 800 万 kW，项目投资 206 亿元。

（本章撰写人：叶小宁、吴思　审核人：代红才、王彩霞、朱涛、闫湖）

2

新能源发电并网运行和利用

2.1　新能源发电利用总体情况

新能源发电量保持高速增长趋势，占比已超过 15%。2023 年，我国新能源发电量约 1.47 万亿 kW·h，同比增长 23%，占总发电量的 15.8%，同比提高约 2 个百分点。2013—2023 年我国新能源发电量及占比如图 2-1 所示。

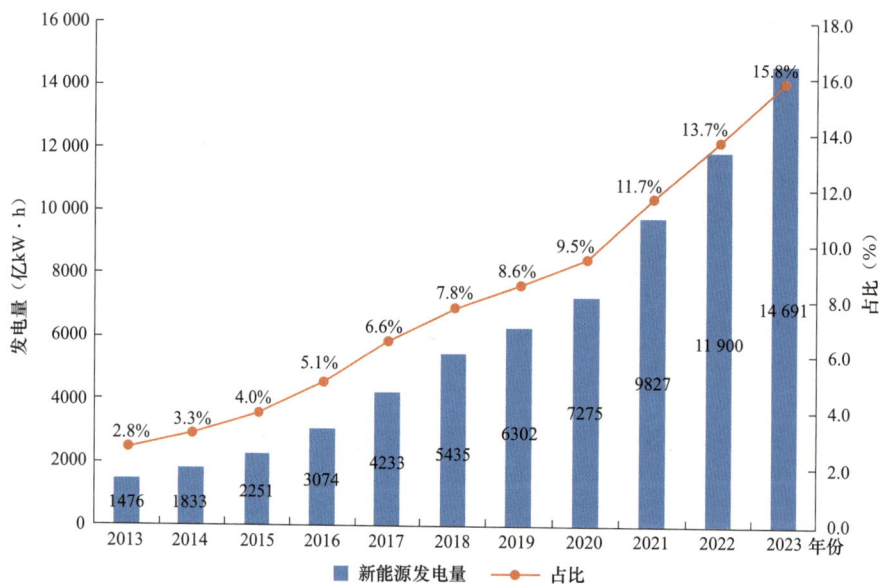

图 2-1　2013—2023 年我国新能源发电量及占比

9 个省区新能源发电量占用电量比例超过 20%。2023 年，青海等 9 个省区新能源发电量占用电量的比例超过 20%，其中青海、甘肃、宁夏占比超过 40%。2023 年新能源发电量占用电量比例超过 20% 的省区如表 2-1 所示。青海、甘肃、宁夏、吉林新能源发电量占用电量的比例与国际先进水平对比如图 2-2 所示[4-5]。

表 2-1　2023 年新能源发电量占用电量比例超过 20% 的省区

省区	青海	甘肃	宁夏	吉林	内蒙古	黑龙江	山西	河北	新疆
新能源发电量（亿 kW·h）	451	685	576	344	1645	347	817	1203	905
占用电量比例（%）	44.7	41.7	41.5	37.0	34.1	29.3	28.3	25.3	23.7

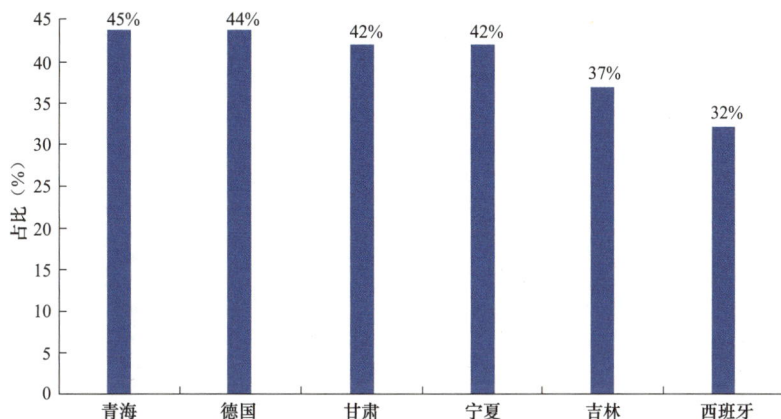

图 2-2　我国重点地区新能源发电量占用电量的比例与国际先进水平对比

新能源利用率连续五年保持在 97% 以上。2023 年，我国新能源利用继续保持较高水平，利用率 97.6%，同比提高 0.3 个百分点。共有 9 个省区 2023 年全年风电与光伏发电利用率均为 100%，为天津、上海、江苏、浙江、安徽、福建、重庆、四川、广西。2015—2023 年我国新能源利用率如图 2-3 所示。

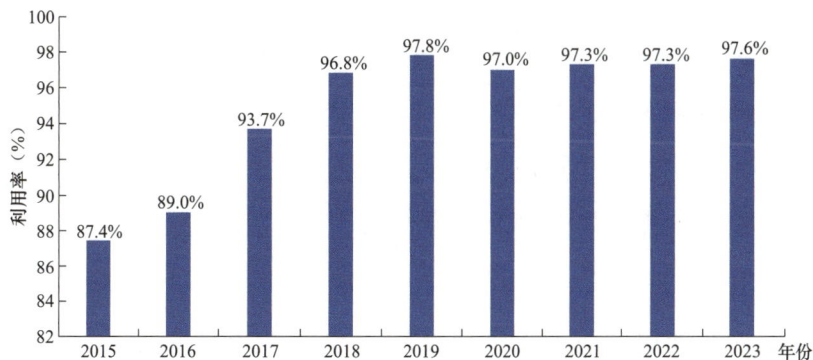

图 2-3　2015—2023 年我国新能源利用率

2.2 风电利用情况

风电发电量首次突破 8000 亿 kW·h。2023 年，我国风电发电量 8858 亿 kW·h，同比增长 16%，占全国总发电量比例的 9.5%，占比同比提高 0.7 个百分点，创历史新高。2013－2023 年我国风电发电量及占比如图 2-4 所示。

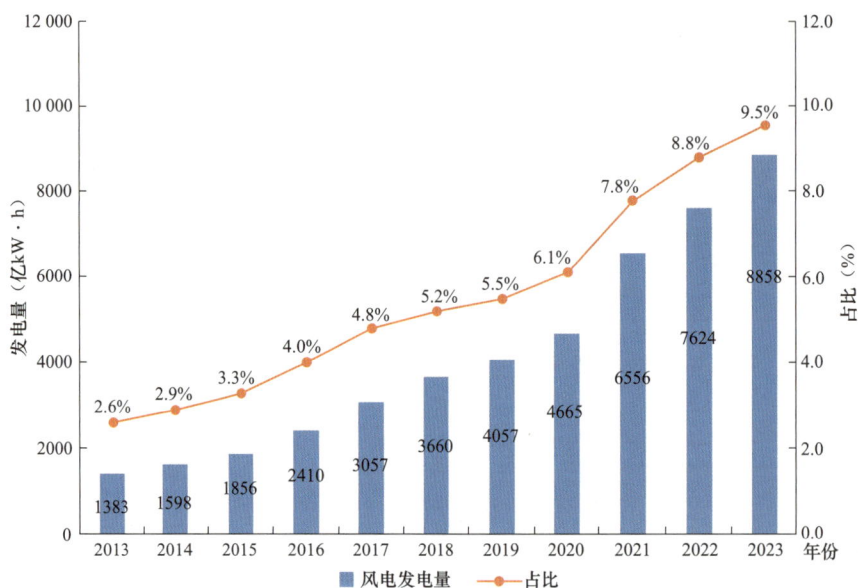

图 2-4　2013－2023 年我国风电发电量及占比

"三北"地区风电发电量占全国风电发电量的 65%。华北、西北和东北地区风电发电量分别为 1586 亿、1348 亿、1224 亿 kW·h，合计占全国风电发电量的 65%。分省区看，2023 年风电发电量排名前五位的省区依次为内蒙古、河北、新疆、山西、江苏，合计占全国风电发电量的 42%。2023 年重点省区风电发电量及占本地用电量比例如图 2-5 所示。

风电设备平均利用小时数持续保持较高水平。2023 年，我国风电设备平均利用小时数为 2225h，同比增加 7h。全国 10 个省区风电设备平均利用小时数超过 2300h，如图 2-6 所示。

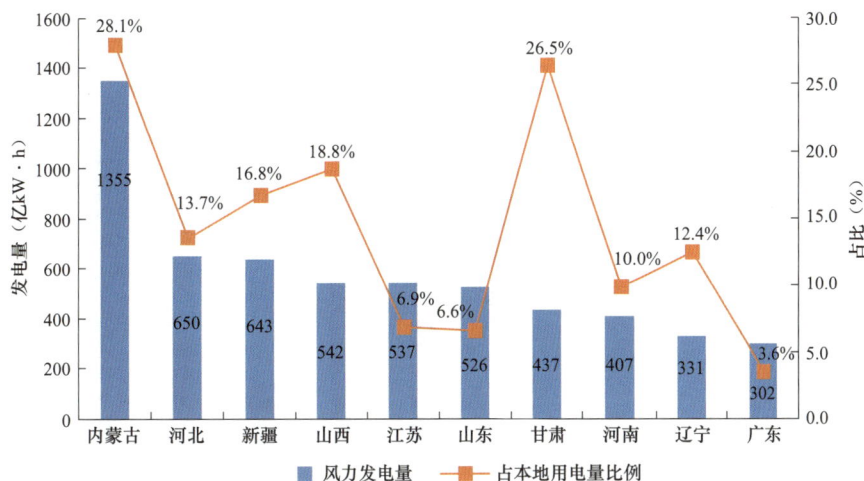

图 2-5　2023 年重点省区风电发电量及占本地用电量比例

图 2-6　2023 年风电设备平均利用小时数超过 2300h 的省区

风电利用率继续保持较高水平。2023 年，全国风电利用率为 97.3%，总体保持较高的利用水平。其中，河北风电消纳形势较为严峻，风电利用率从 2022 年的 95.6% 降至 2023 年的 94.3%；青海风电消纳形势略有好转，从 2022 年的 92.7% 提升至 2023 年的 94.2%，但仍低于 95%；甘肃风电消纳形势不断向好，从 2022 年的 93.8%提升至 2023 年的 95.0%。2015－2023 年我国风电利用率如图 2-7 所示。

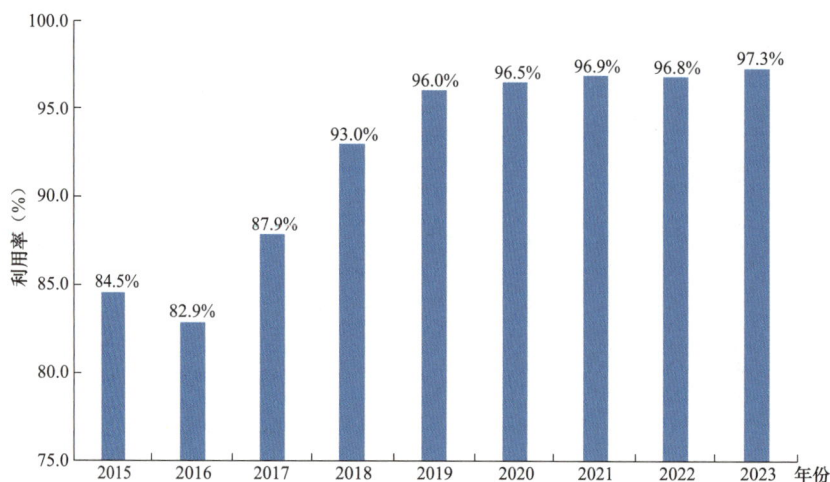

图 2-7　2015－2023 年我国风电利用率

2.3　太阳能发电利用情况

太阳能发电量持续快速增长。2023 年，我国太阳能发电量 5833 亿 kW·h，同比增长 36%；占全国总发电量的比例 6.3%，同比提高 1.4 个百分点。2013－2023 年我国太阳能发电量及占比如图 2-8 所示。

太阳能发电量较高地区主要集中在华北、华东和西北。分地区看，华北地区太阳能发电量 1505 亿 kW·h、同比增长 30%，华东地区太阳能发电量 1018 亿 kW·h、同比增长 39%，西北地区太阳能发电量 1279 亿 kW·h、同比增长 27%，三个地区太阳能发电量占全国太阳能发电量的 65%。分省区看，2023 年太阳能发电量最多的 5 个省区分别是山东、河北、江苏、河南、浙江，太阳能发电量分别为 627 亿、553 亿、358 亿、331 亿、296 亿 kW·h。

太阳能发电利用小时数维持较高水平，利用小时数同比有所下降。2023 年，我国太阳能发电利用小时数为 1286h，同比下降 51h。2023 年全国 8 个省区太阳能发电利用小时数超过 1400h，如图 2-9 所示。

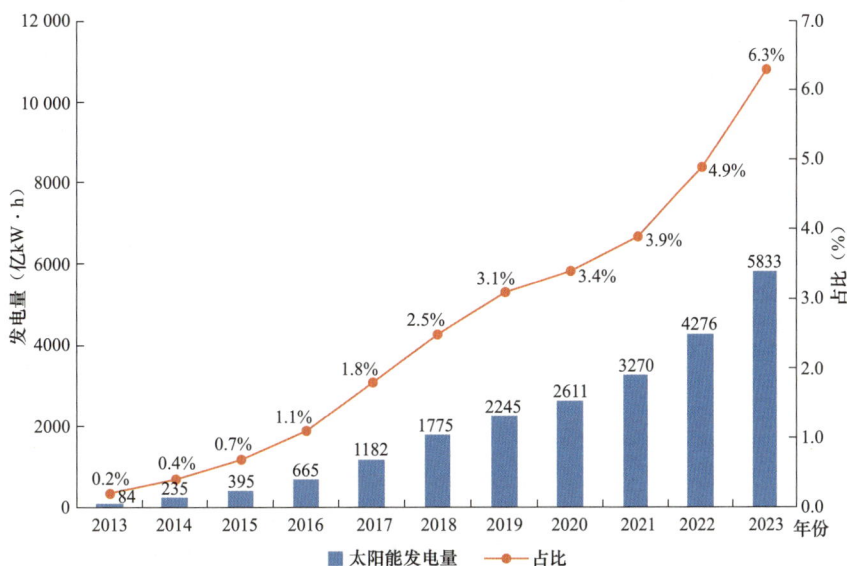

图 2-8　2013－2023 年我国太阳能发电量及占比

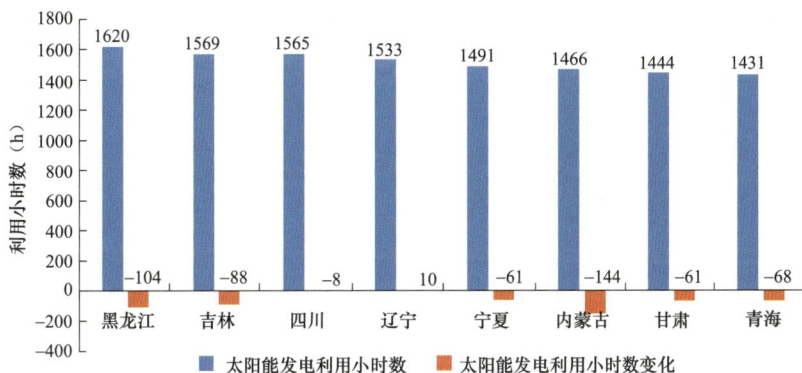

图 2-9　2023 年太阳能发电利用小时数超过 1400h 的省区

太阳能发电持续保持高利用水平，利用率连续 6 年超过 97%。2023 年，我国太阳能发电利用率 98.0%，继续保持高利用水平。2015－2023 年我国太阳能发电利用率如图 2-10 所示。其中，西藏、甘肃太阳能发电利用率降幅较大，分别下降 2.0 和 3.2 个百分点，2023 年太阳能发电利用率分别为 78.0% 和 95.0%。

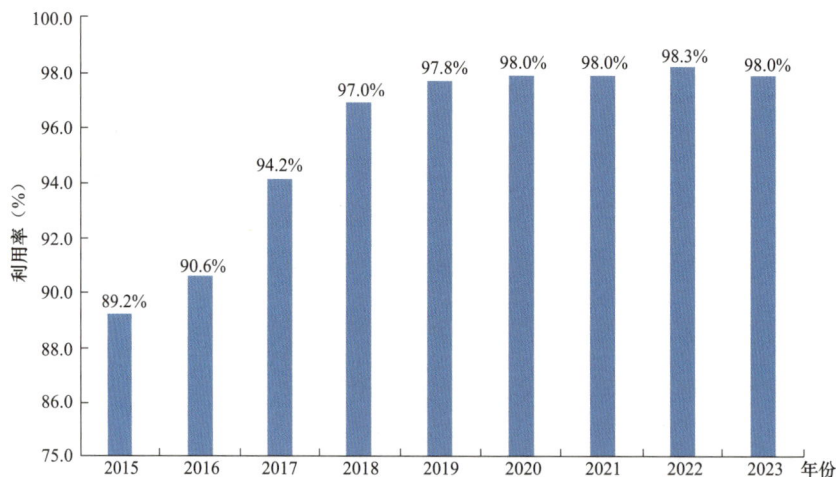

图 2-10　2015—2023 年我国太阳能发电利用率

2.4　新能源发电调度运行

2023 年，持续提升新能源功率预测精度，面向低温寒潮、沙尘等重大天气过程的新能源发电功率预测技术实现初步应用，有效降低极端天气下的新能源预测偏差。合理优化新能源纳入电力电量平衡比例，统筹开展电网平衡形势研判、中长期交易组织及日前方式安排。充分发挥统一调度优势，依托大电网实施跨省跨区输送、调峰互济、备用共享，促进新能源"多发满发"，有效解决局部地区、集中时段新能源消纳困难。

2.4.1　充分发挥系统调节能力

（1）全面挖掘火电深调能力。

科学安排火电机组运行方式，挖掘火电深度调峰潜力，优化火电机组启停策略，拓展新能源消纳空间。国网西北分部持续挖掘火电深调潜力，2023 年公网 30 万 kW 及以上主力火电平均深调能力 33%，其中超 2 成具备 20% 及以下深调能力，最低可深调至 10%；国网东北分部统筹优化火电机组启停策略，合理压降火电运行容量，新能源大发时段火电平均负荷率 34%，深调能力提升 5 个百分点，有效促进新能源消纳。

（2）充分利用抽水蓄能。

统筹优化抽水蓄能计划曲线，提升"两抽两发"覆盖面至 40%的较高水平，确保抽水蓄能在新能源消纳和系统保供关键期"起得来、顶得上"。2023 年，抽水蓄能电站年发电量 442 亿 kW·h，抽水电量 551 亿 kW·h，综合利用小时数 2672h。2023 年"三北"地区抽水蓄能运行情况如表 2-2 所示。

表 2-2　　　　　　2023 年"三北"地区抽水蓄能运行情况

序号	电站名称	在运容量（万 kW）	发电量（亿 kW·h）	抽水电量（亿 kW·h）	综合利用小时数（h）
1	牡丹江	120	15.81	19.72	2960
2	十三陵	80	7.72	10.31	2254
3	张河湾	100	10.62	12.20	2282
4	清原	30	0.44	0.62	5582
5	蒲石河	120	14.13	17.40	2627
6	丰宁	300	35.64	44.80	2903
7	白山	30	0.10	1.91	671
8	潘家口	27	2.32	2.96	1956
9	西龙池	120	11.06	15.19	2188
10	泰山	100	9.89	12.34	2223
11	文登	180	11.99	15.59	2230
12	沂蒙	120	15.46	19.19	2888
13	阜康	30	0.81	1.00	3600
14	敦化	140	14.02	18.29	2308

（3）提升新型储能利用水平。

科学制定新型储能调度运行方式，持续完善参与市场机制，不断扩大参与市场比例。新型储能"两充两放、多充多放"覆盖率进一步提升，综合利用小时数提升 100h。国网湖南电力建设区域级电化学储能监测管理平台，实现设备状态全景感知，支撑精细化运行分析调度，为储能站安全稳定经济运行和调度利用保驾护航；国网甘肃电力建成储能集中控制系统，独立储能以自调度模式、配建储能与新能源一体化参与现货市场，实现新型储能依据消纳和保供需要的最大化调用。

（4）挖掘需求侧调节潜力。

修订《电力需求侧管理办法（2023 年版）》《电力负荷管理办法（2023 年版）》，完善虚拟电厂、负荷聚合商、分布式光伏、用户侧储能等新型主体的接入管理和服务，推动需求响应能力提升。在宁夏、山西等省区，制定出台虚拟电厂管理规范，建立可调节资源库。国网山东电力对全省 3.3 万具备调节能力的工商业客户进行全面摸排，构建 519 万 kW 削峰需求响应资源池，2023 年共执行需求响应 13 次，最大响应负荷 182 万 kW，促进新能源消纳 6111 万 kW·h；国网宁夏电力落实《宁夏回族自治区虚拟电厂运营管理细则》等 5 项支持政策，规范虚拟电厂建设、接入、交易、运行、结算、评价、退出、信息披露全生命管理流程，构建虚拟电厂运营体系，虚拟电厂单次最大调峰 17 万 kW，促进新能源消纳 375 万 kW·h。

2.4.2　加快建设现货与辅助服务市场

（1）全面推进现货市场建设。

2023 年，山西电力现货市场率先转入正式运行，甘肃、山东、福建、江苏、安徽等 14 个省区开展结算试运行。河北现货市场组织开展调电试运行与结算试运行，利用市场机制设计和价格信号，引导新能源最大化消纳，累计避免新能源因报价或预测偏差原因弃限新能源 6000 万 kW·h；江苏新能源发电项目采用报量不报价的方式参与电力现货市场，仅在日前申报短期负荷预测量，作为市场边界条件进行出清并按照现货价格结算。

（2）辅助服务市场基本实现全覆盖。

我国基本形成以调峰、调频、备用等交易品种为核心的区域、省级辅助服务市场体系，持续开展区域省间旋转备用共享，新能源消纳能力进一步提升。国网山西电力出台国内首个正备用辅助服务市场交易实施细则，明确参与现货市场的燃煤机组和燃气机组，省调直调的新型储能电站、虚拟电厂、可控负荷，以及具备调节能力的风场、光伏电站等可提供正备用服务。2023 年西北电网各省间通过调峰、备用市场累计互济 9.2 万余次，支援电量 134 亿 kW·h，其中增发新能源电量 67 亿 kW·h。

2.4.3　提升新能源主动支撑能力

（1）强化极端天气下新能源功率预测。

持续强化沙尘、寒潮等极端天气下的预测预警，逐日开展预测偏差分析，推动区域风光日前预测准确率提升至 95%以上。国网陕西电力编制《国网陕西电力调度控制中心关于开展极端天气过程新能源功率预测管理提升工作的通知》，推动提高新能源场站对极端天气的感知及自动化报送能力。2023 年，陕西新能源预测准确率同比提升 1 个百分点以上。

（2）提高新能源涉网技术水平。

在西北、东北、华中区域，开展新能源一次调频及惯量响应能力建设，提高新能源涉网性能。东北电网推动新能源场站参与频率响应，主动提供一次调频、虚拟惯量等主动支撑能力，通过在新能源场站合理配置分布式调相机，保证新能源并网点短路比满足标准要求；国网江西电力提高新能源涉网性能管理水平，印发《江西电网新能源涉网性能及网络安全核查提升工作方案的通知》，开展新能源涉网性能及网络安全核查提升工作，推进一次调频主动测试系统建设，印发《关于开展江西电网统调电厂加装一次调频主动测试系统的通知》，组织新能源场站开展主动测试系统建设，完成一次调频性能评价模块开发，实现对统调机组一次调频性能的监测及分析。

（3）提升分布式新能源调控能力。

编制《分布式光伏电源调控能力提升行动工作方案》，统筹推进分布式光伏"四可"能力建设，实现试点省区运行数据分钟级全量采集和分布式光伏柔性控制。国网河南电力通过光伏台区 HPLC 通信模块升级、380V 并网光伏加装专用开关，实现户用光伏 15 分钟级"可观可测"和"刚性可控"，并预留改造升级条件，具备实现 1 分钟级"可观可测"和"柔性调节"能力。2023 年，河南全省最高调减分布式光伏出力 532 万 kW，有效保障了系统安全稳定运行。

（本章撰写人：杨超、叶小宁、尹晨旭　审核人：代红才、王彩霞、李娜娜）

3

新能源发电市场化交易

3.1　新能源发电市场化交易总体情况

我国新能源消纳方式包括保障性收购和市场化消纳两种。2009 年,《中华人民共和国可再生能源法》（修正）明确我国实行可再生能源发电全额保障性收购制度。2015 年《中共中央、国务院关于进一步深化电力体制改革的若干意见》（中发〔2015〕9 号义）（简称 9 号文）提出要形成促进可再生能源利用的市场机制,鼓励可再生能源参与电力市场。为促进新能源消纳利用,新能源富集省区创新开展了新能源与火电发电权交易、大用户直接交易等多种市场化交易。2021 年以来,随着新能源发电平价上网,多地鼓励新建新能源项目直接进入电力市场消纳。保障性收购价格为本地燃煤基准价或固定电价,市场化消纳的交易价格由市场竞争形成。2023 年,我国新能源保障性收购电量 7626kW·h,占新能源发电量的 52.7%；**新能源市场化交易电量 6845 亿 kW·h,占新能源发电量的 47.3%**。

按照是否附带环境价值,新能源市场化交易进一步分为常规市场化交易和绿电交易。其中,常规市场化交易为不包含绿色环境价值的纯电能量交易,绿电交易是带有环境价值的电能量交易。2023 年,新能源常规市场化交易电量 4904 亿 kW·h,占新能源发电量的 40.3%；绿电交易电量 611 亿 kW·h,占新能源发电量的 5%。目前,参与绿电绿证交易的发电项目均为平价新能源项目。

按照环境价值转移方式不同,环境价值交易分为绿电交易和绿证交易。绿电交易环境价值随电能量同时交易；绿证交易是纯环境价值交易,与电能量交易分离。2023 年,绿证交易平台达成绿证交易 2364 万张,折算电量 236.4 亿 kW·h。

3.2　新能源发电参与常规市场化交易

3.2.1　新能源省间交易

2023 年,国家电网公司经营区新能源市场化交易电量 5515 亿 kW·h,占新能源总发电量的 45%。2018－2023 年国家电网公司经营区新能源市场化交易电量如图 3-1 所示。

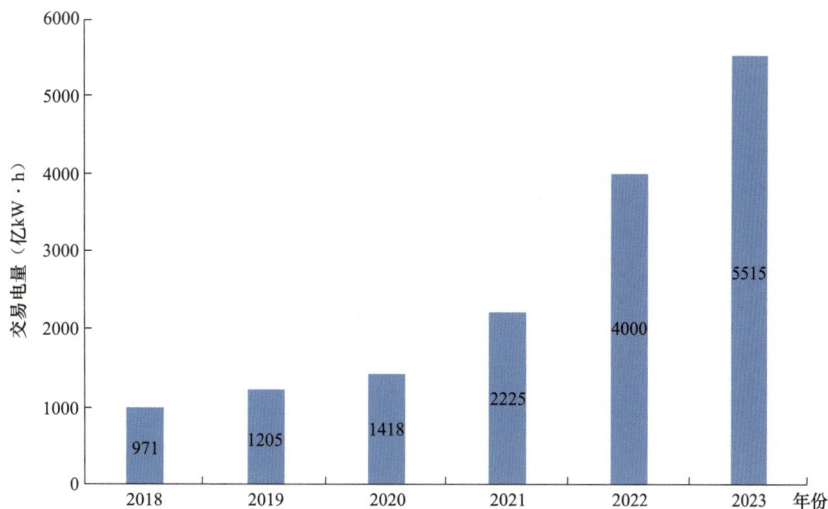

图 3-1　2018－2023 年国家电网公司经营区新能源市场化交易电量

2023 年，国家电网公司经营区新能源省间市场化交易电量 1719 亿 kW・h，新能源大范围消纳水平进一步提升。2018－2023 年国家电网公司经营区新能源省间市场化交易电量如图 3-2 所示。

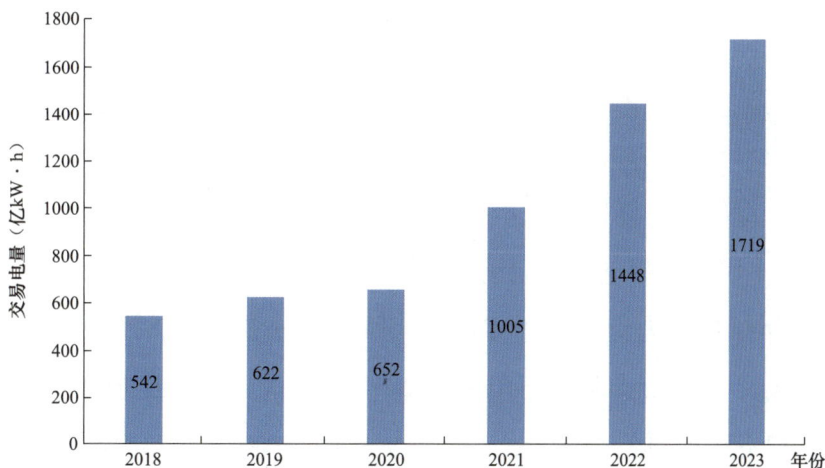

图 3-2　2018－2023 年国家电网公司经营区新能源省间市场化交易电量

3.2.2 新能源省内交易

2023 年，国家电网公司经营区新能源省内市场化交易电量 3796 亿 kW·h。2018－2023 年国家电网公司经营区省内新能源市场化交易电量如图 3-3 所示。

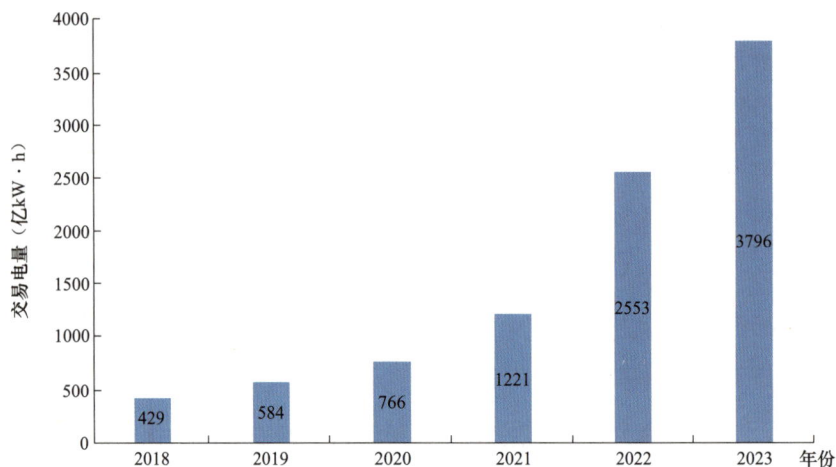

图 3-3　2018－2023 年国家电网公司经营区省内新能源市场化交易电量

3.3　绿 色 电 力 交 易

3.3.1　绿色电力交易现状

2023 年，绿电交易规模进一步扩大，绿电交易电量 611 亿 kW·h，同比增长 327%，自 2021 年 9 月绿电交易启动以来，累计完成绿电交易电量 830 亿 kW·h。2018－2023 年绿色电力交易电量如图 3-4 所示。分省区看，2023 年国家电网公司经营区绿电交易电量排名前五的是冀北、浙江、江苏、辽宁和安徽，分别达到 197 亿、82 亿、52 亿、49 亿、39 亿 kW·h。2018－2023 年重点省区绿色电力交易电量如图 3-5 所示。

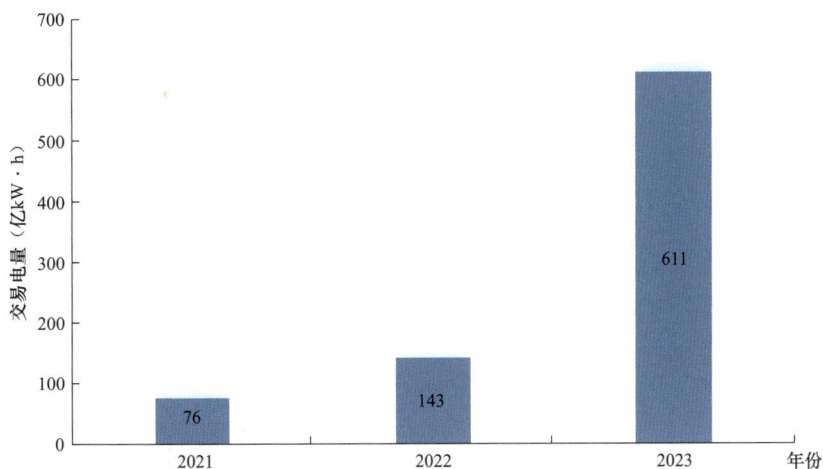

图 3-4　2018－2023 年绿色电力交易电量

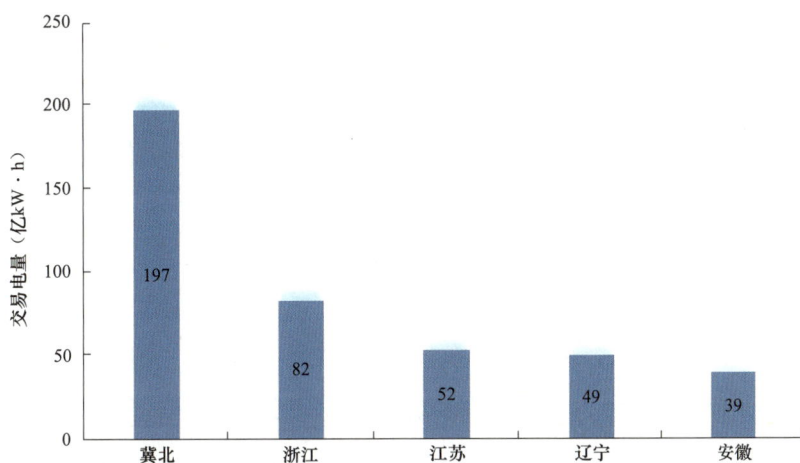

图 3-5　2018－2023 年重点省区绿色电力交易电量

3.3.2　绿色电力证书交易现状

　　2023 年绿证交易规模快速增长，国家电网公司经营区绿证交易量达到 2364 万张，同比增长 15 倍左右。2018－2023 年绿色电力制度交易量如图 3-6 所示。

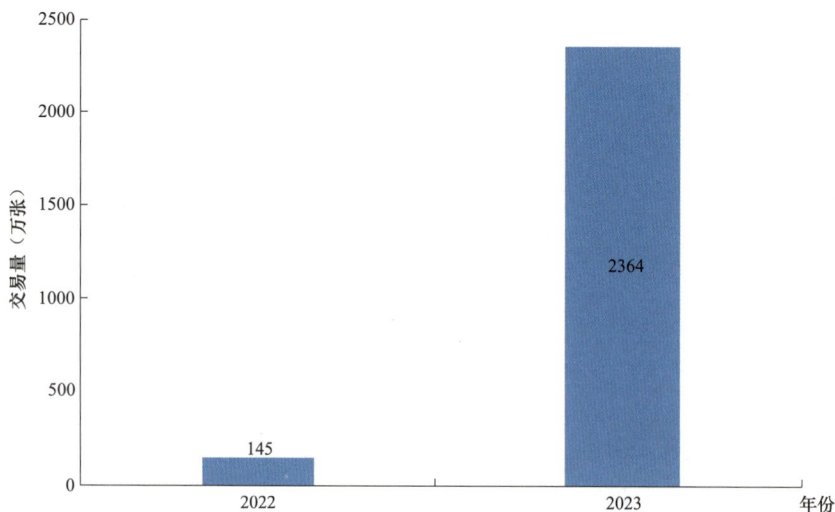

图 3-6　2018－2023 年绿色电力制度交易量

3.4　新兴主体参与市场交易

3.4.1　电化学储能

2023 年电化学储能新增装机容量实现了历史性突破。2023 年内，我国新增并网运行的电化学储能电站数量达到 486 座，新增装机总量实现了历史性的突破，总功率达到 18.11GW，对应的总能量存储容量高达 36.81GW·h，与上年同期相比，总功率的增长幅度接近 4 倍，一举超过了以往历年累计的装机规模总和，标志着我国电化学储能产业步入了高速发展阶段。

甘肃省印发电化学储能电站调度运行政策，建成全国首个电化学储能协调控制系统。甘肃能监办发布《甘肃电化学储能电站调度运行管理规定》，从制度上规范了甘肃电化学储能的并网管理、运行管理、市场管理、储能电站性能指标等要求，首次明确甘肃电网内电源侧、电网侧储能均应具备统一控制的功能。甘肃建成全国首个电化学储能协调控制系统，实现全网储能的全部接入和集中控制。最大充放电电力达 178/152 万 kW，提升新能源利用率 0.6 个百分点，储能规模化应用效益显现。

广东省构建储能市场体系，实现独立储能由计划调度向市场调度转变。当前，广东省储能可以参与南方区域调频辅助服务市场、跨省备用市场，还可以参与电能量现货市场。2023 年 10 月，宝湖储能电站在国内首次"报量报价"入市，实现独立储能由计划调度向市场调度转变。此外，万羚、峡安储能电站参与区域调频市场，为系统提供快速调频资源。实现可自动分时参与现货市场或调频市场，"分时复用"正式落地。

3.4.2　需求侧响应

2023 年 9 月，国家发展改革委、工业和信息化部、财政部、住房城乡建设部、国务院国资委、国家能源局等多部门联合印发《电力需求侧管理办法（2023 年版）》，鼓励需求响应主体参与相应电能量市场、辅助服务市场、容量市场等，按市场规则获取经济收益。

云南省邀约削峰响应负荷占上年省内最大负荷的 5.05%，提前达成国家 2025 年对各省需求响应能力要求。云南省启动了 2023 年首次电力需求响应，分别组织开展了邀约削峰响应、邀约填谷响应、日内实时削峰响应。市场主体积极参与，执行情况超预期。其中，邀约削峰响应成交容量 150 万 kW，实际最大响应容量 172.95 万 kW，执行率 115.3%；邀约填谷响应成交容量 20 万 kW，实际最大响应容量 26.5 万 kW，执行率 132.5%；日内实时削峰响应成交容量 80 万 kW，实际最大响应容量 90.48 万 kW，执行率 113.1%。本次邀约削峰响应负荷占上年省内最大负荷的 5.05%，提前达到国家"到 2025 年，各省需求响应能力达到最大用电负荷的 3% ~ 5%"要求。

3.4.3　虚拟电厂

2023 年西部首座虚拟电厂成都高新西区上线运行。成都高新西区虚拟电厂于 2023 年 9 月正式上线运行，是西部首座上线运行的虚拟电厂。该项目依托智慧运行中心软硬件资源，通过先进的信息通信和数字化技术手段，实现分布式电源、储能、充电桩、工业可调负荷等基础资源的有效聚合和协同优化。截至 2023 年 12 月，该项目已接入京东方、德州仪器、华为等 169 家重点企业，实现弹性灵活可调负荷约 57MW。

宁夏印发虚拟电厂运营管理政策，建成省级虚拟电厂管理平台，构建虚拟电厂运营体系。宁夏回族自治区发展改革委出台《宁夏回族自治区虚拟电厂运营管理细则》，明确政府、电网企业、电力用户、虚拟电厂运营商的职责，规范虚拟电厂建设、接入、交易、运行、结算、评价、退出、信息披露全生命管理流程。建成省级虚拟电厂管理平台，平台已接入国网宁夏综能、西安广林汇智等 5 家虚拟电厂，聚合容量 536 万 kW。构建虚拟电厂运营体系。争取到虚拟电厂参与现货中长期、辅助服务、需求响应等全类型市场支持政策，设计两类 4 种虚拟电厂结算套餐并推广应用，累计参与 24 次辅助服务调峰市场，单次最大调峰负荷 17 万 kW，促进新能源消纳 375 万 kW·h。

（本章撰写人：吴思、时智勇、边家瑜　审核人：代红才、王彩霞、孟子涵）

4

新能源发电经济性

4.1 全球新能源发电经济性

4.1.1 风电

（一）陆上风电

2010—2023 年，全球陆上风电加权平均平准化度电成本（LCOE）价格由 0.111 美元/（kW·h）下降至 0.033 美元/（kW·h），降幅达到了 70%。其中，2023 年陆上风电 LCOE 较 2022 年同比下降了 3%。

2010—2023 年，全球陆上风电加权平均总装机成本下降了 49%，从 2272 美元/kW 降至 1160 美元/kW。其中，2023 年陆上风电总装机成本较 2022 年同比下降了 12%。

（二）海上风电

2010—2023 年，全球海上风电加权平均 LCOE 价格由 0.203 美元/（kW·h）下降至 0.075 美元/（kW·h），降幅达到了 63%。其中，2023 年陆上风电 LCOE 较 2022 年同比下降了 6%。

2010—2023 年，全球海上风电加权平均总装机成本下降了 48%，从 5409 美元/kW 降至 2800 美元/kW。其中，2023 年陆上风电总装机成本较 2022 年同比下降了 19%。

4.1.2 光伏发电

2010—2023 年，全球光伏发电加权平均 LCOE 价格由 0.460 美元/（kW·h）下降至 0.044 美元/（kW·h），降幅达到了 90%。其中，2023 年光伏发电 LCOE 同比下降了 12%。

2010—2023 年，全球光伏发电加权平均初始投资成本下降了 86%，从 5310 美元/kW 降至 758 美元/kW，其中 2023 年同比下降了 16.5%。

4.2 风电经济性

4.2.1 初始投资成本

（一）陆上风电

2023 年，我国陆上风电初始投资成本为 4723 元/kW，较 2022 年大幅下降。其中，建筑工程费占比 1.6%，设备购置费占比 72.7%，安装工程费占比 13.0%，其他费用占比 10.5%，建设期利息占比 2.3%。2023 年陆上风电初始投资构成如图 4-1 所示。

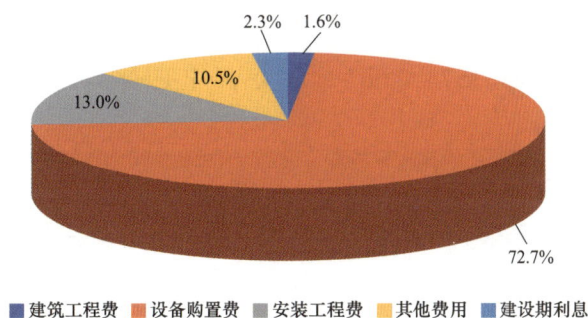

图 4-1　2023 年陆上风电初始投资构成

风机价格快速下降的主要原因：一是为抢占市场份额，全行业全产业链纷纷低价竞标，大打价格战。二是新招标的风机单机容量在 6MW 以上，机组大型化减少相同容量下的主机数量，摊低单位容量的原材料等投资成本。

（二）海上风电

2023 年，我国海上风电初始投资成本约 12 133 元/kW，延续下降态势。其中，建筑工程费占比 0.7%，设备购置费占比 60.1%，安装工程费占比 26.4%，其他费用占比 9.9%，建设期利息占比 2.9%。2023 年海上风电初始投资成本构成如图 4-4 所示。

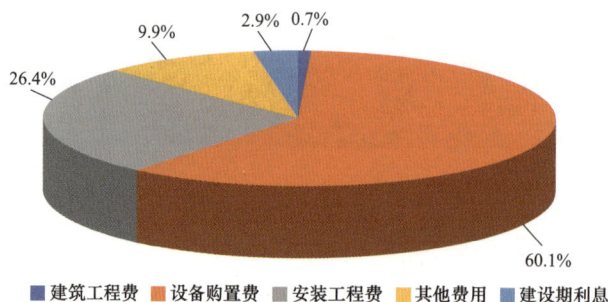

图 4-2　2023 年海上风电初始投资成本构成

4.2.2　平准化度电成本❶

2023 年我国陆上风电 LCOE 为 0.019 ~ 0.039 美元/（kW·h），平均为 0.027 美元/（kW·h），折合人民币为 0.138 ~ 0.284 元/（kW·h），平均为 0.197 元/（kW·h）。❷

2023 年我国海上风电 LCOE 为 0.049 ~ 0.091 美元/（kW·h），平均为 0.070 美元/（kW·h），折合人民币为 0.357 ~ 0.663 元/（kW·h），平均为 0.510 元/（kW·h）。

4.3　光伏发电经济性

4.3.1　初始投资成本

中国光伏行业协会研究显示，2023 年我国光伏电站的初始投资成本约为 3.4 元/W，较 2022 年稍有下降。

光伏发电初始投资成本可分为光伏组件成本、建安工程成本、接网工程成本、其他成本。2023 年光伏发电投资成本构成如图 4-3 所示。其中，光伏组件成本占比最大，为 40%，其次是建安工程成本，占比约为 16%，接网工程成本

---

❶　平准化度电成本（LCOE，Levelized Cost of Energy）是对项目生命周期内的成本和发电量进行平准化后计算得到的发电成本。LCOE 不考虑财务成本、税收等，计算一定折现率下的度电成本。相比于经营期电价计算方法，LCOE 一般低 15% ~ 30%。

❷　数据来源于彭博新能源财经（BNEF），其中美元与人民币汇率取 2022 年均值，1 美元=6.7261 元人民币。

占比约为 6%，其他成本占比约 38%。

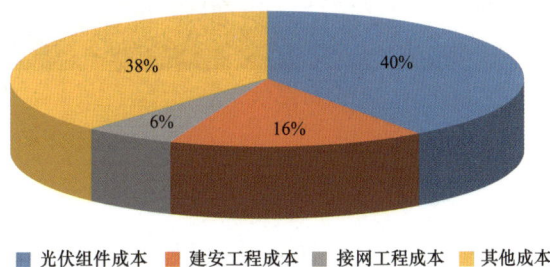

图 4-3　2023 年光伏发电投资成本构成

2023 年光伏组件价格呈下降快速趋势，12 月较 1 月上升了约 88.2%。随着供应链错配得到解决，进入 2023 年，组件价格的不断下降带动中国的大基地项目显著发展，预计组件价格将延续下降趋势。2023 年光伏发电投资成本构成如图 4-4 所示。

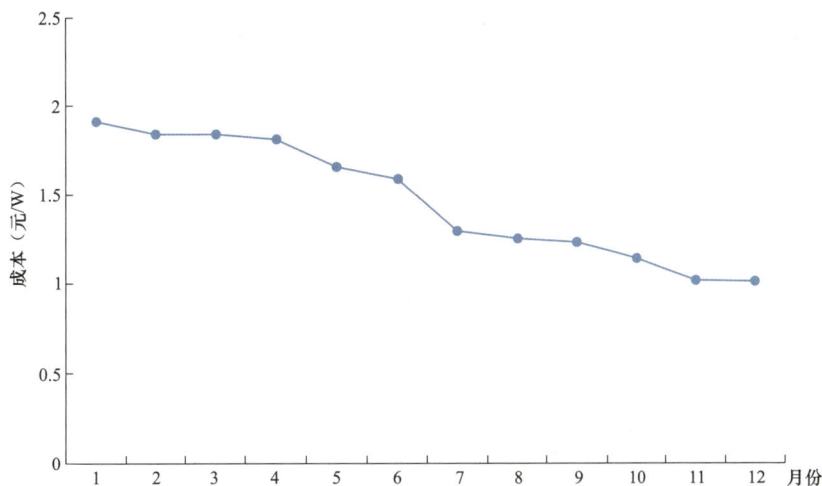

图 4-4　2023 年光伏发电投资成本构成

4.3.2　平准化度电成本

2023 年我国光伏地面电站 LCOE 为 0.0286 ~ 0.0501 美元/（kW·h），平均为 0.0361 美元/（kW·h），折合人民币为 0.207 ~ 0.363 元/（kW·h），平均为 0.261 元/（kW·h）。❶

---

❶　数据来源于彭博新能源财经（BNEF）。

4.4 新能源发电经济性未来变化趋势

4.4.1 风电度电成本变化趋势

据彭博新能源财经测算，2024－2030 年间我国陆上风电 LCOE 保持平稳下降趋势，2030 年陆上风电的 LCOE 为 0.0145～0.0279 美元/（kW·h），折合人民币为 0.0973～0.1876 元/（kW·h），平均为 0.1407 元/（kW·h）。BNEF 对我国陆上风电 LCOE 的预测结果如图 4-5 所示。

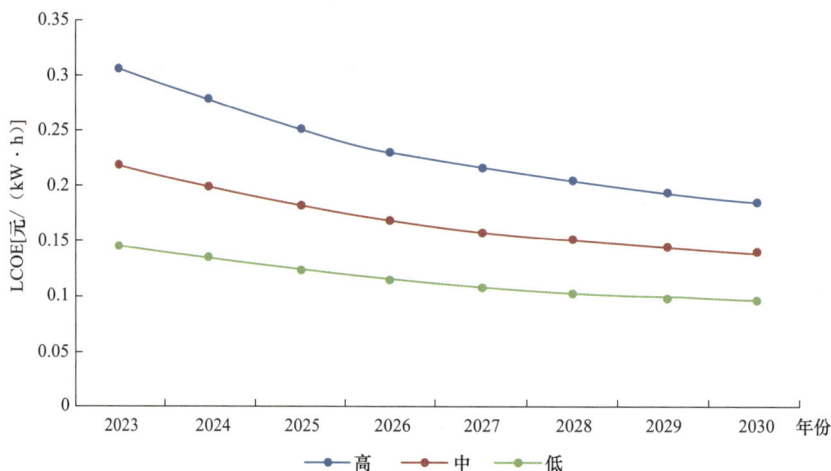

图 4-5 BNEF 对我国陆上风电 LCOE 的预测结果

彭博新能源财经测算结果显示，2024－2030 年间我国海上风电 LCOE 下降速度先快后慢，2030 年海上风电的 LCOE 为 0.0309～0.0615 美元/（kW·h），折合人民币为 0.2081～0.4138 元/（kW·h），平均为 0.2977 元/（kW·h）。BNEF 对我国海上风电 LCOE 的预测结果如图 4-6 所示。

4.4.2 光伏发电度电成本变化趋势

据彭博新能源财经测算，2023－2030 年我国光伏电站 LCOE 仍保持快速下降趋势，2030年光伏电站的 LCOE 为 0.0225～0.0379 美元/（kW·h），折合人民币为 0.163～0.274 元/（kW·h）[1]。BNEF 对我国光伏电站 LCOE 的预测结果如图 4-7 所示。

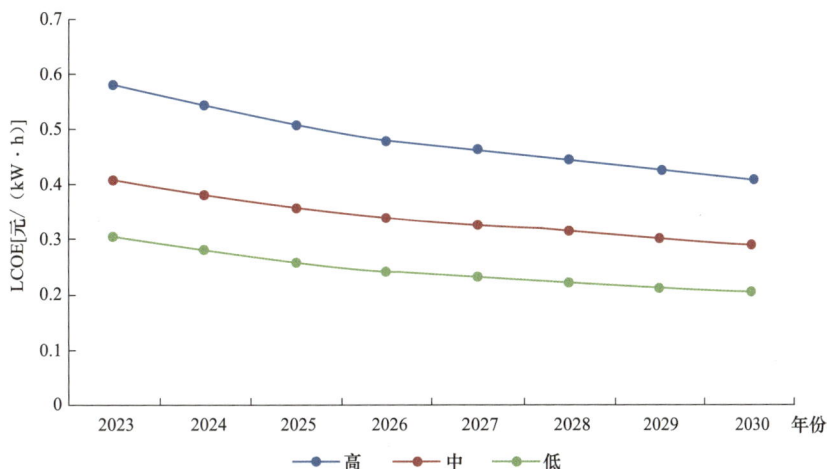

图 4-6　BNEF 对我国海上风电 LCOE 的预测结果

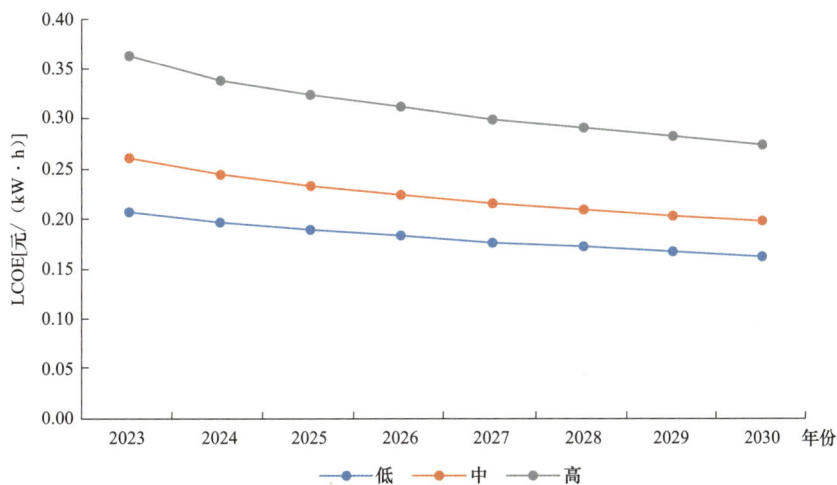

图 4-7　BNEF 对我国光伏电站 LCOE 的预测结果

（本章撰写人：时智勇、杨超、步雨洛　审核人：王彩霞、代红才、张栋）

---

[1] 中国光伏行业协会 LCOE 计算方法参照《光伏发电系统效能规范》，并考虑了增值税。BNEF 计算公式与《光伏发电系统效能规范》不同，且不考虑增值税。

5

新能源发电产业政策

2023 年，围绕新能源发电高质量发展，国家发布了多项新能源产业相关政策，内容涉及发展规划、运行消纳、市场交易、行业管理等方面，有力支撑了新能源的开发与消纳。

5.1　发展规划

促进光热发电规模化发展，充分发挥光热发电在新能源占比逐步提高的新型电力系统中的作用。2023 年 3 月 20 日，国家能源局发布《关于推动光热发电规模化发展有关事项的通知》（国能综通新能〔2023〕28 号），要求积极开展光热规模化发展研究工作。提出内蒙古、甘肃、青海、新疆等光热发电重点省区能源主管部门要积极推进光热发电项目规划建设，根据研究成果及时调整相关规划或相关基地实施方案，统筹协调光伏、光热规划布局，合理布局或预留光热场址，在本省新能源基地建设中同步推动光热发电项目规模化、产业化发展，力争"十四五"期间，全国光热发电每年新增开工规模达到 300 万 kW 左右。

加强油气勘探开发与新能源融合发展，大力推进新能源和低碳负碳产业发展。2023 年 3 月 22 日，国家能源局印发《加快油气勘探开发与新能源融合发展行动方案（2023－2025 年）》（国能发油气〔2023〕21 号），提出要大力推动油气勘探开发与新能源融合发展，积极扩大油气企业开发利用绿电规模。到 2025 年，通过油气促进新能源高效开发利用，满足油气田提高电气化率新增电力需求，替代勘探开发自用油气，累计清洁替代增加天然气商品供应量约 45 亿 m^3；积极推进环境友好、节能减排、多能融合的油气生产体系，努力打造"低碳""零碳"油气田；统筹推进海上风电与油气勘探开发，形成海上风电与油气田区域电力系统互补供电模式，逐步实现产业融合发展。

巩固风电光伏产业发展优势，持续扩大清洁低碳能源供应。2023 年 4 月 6 日，国家能源局发布《2023 年能源工作指导意见》（国能发规划〔2023〕30 号），提出要继续大力发展风电和太阳能发电。推动第一批以沙漠、戈壁、荒漠地区为重点的大型风电光伏基地项目并网投产，建设第二批、第三批项目，积极推进光热发电规模化发展，稳妥建设海上风电基地，谋划启动建设海上光伏，大力推进分散式陆上风电和分布式光伏发电项目建设。推动绿证核发全覆盖，做好与碳交易的衔接，完善基于绿证的可再生能源电力消纳保障机制，科学设置各省（区、市）的消纳责任权重。全年风电、光伏装机容量增加 1.6 亿 kW 左右，非化石能源占能源消费总量比重提高到 18.3% 左右，非化石能源发电装机占比提高到 51.9% 左右，风电、光伏发电量占全社会用电量的比重达到 15.3%。

5.2 运 行 消 纳

开展分布式光伏接入电网承载力及提升措施评估，着力解决分布式光伏接网受限问题。2023 年 6 月 13 日，国家能源局发布《关于印发开展分布式光伏接入电网承载力及提升措施评估试点工作的通知》（国能综通新能〔2023〕74 号），选择山东、黑龙江、河南、浙江、广东、福建 6 个试点省区开展试点工作。文件提出试点省区能源主管部门要统筹推进省内试点各项工作，各省电网企业负责营业区内电网承载力及提升措施的具体研究分析工作，并协助本省能源主管部门做好相关发布工作，国家能源局各派出机构会同地方能源主管部门做好分布式光伏接入电网条件的监管工作，接受社会各方意见建议，及时反映工作推进中遇到的问题，促进分布式光伏健康有序发展。

下发年度可再生能源电力消纳责任权重指标并明确消纳责任权重核算方式。2023 年 7 月 16 日，国家发展改革委、国家能源局发布《关于 2023 年可再生能源电力消纳责任权重及有关事项的通知》（发改办能源〔2023〕569 号），为各省制定 2023 年可再生能源电力消纳责任权重和 2024 年预期目标，并进一步明确消纳责任权重核算方式。下发各省 2023 年可再生能源电力消纳责任权重以及 2024 年再生能源电力消纳责任权重预期目标，2023 年最低总量消纳责任权重预期超过 70% 的省区按照 70% 下达，四川、青海、云南可再生能源消纳责任权重超过 70%，均按照 70% 计算，云南 2022 年未完成的非水电消纳责任权重滚动调整至 2024－2025 年。此外，明确各省级行政区域可再生能源电力消纳责任权重完成情况以实际消纳的可再生能源物理电量为主要核算方式，各承担消纳责任的市场主体权重完成情况以自身持有的可再生能源绿色电力证书为主要核算方式。

开展可再生能源电力发展监测评价，科学评估各地区可再生能源发展状况。2023 年 9 月 7 日，国家能源局发布《关于 2022 年度全国可再生能源电力发展监测评价结果的通报》，分析了我国 2022 年度可再生能源电力发展总体情况、消纳责任权重完成情况、重点地区新能源利用小时数以及直流特高压可再生能源电力输送情况。**从消纳情况来看**，全国及重点省区清洁能源消纳利用情况良好。全国风电平均利用率 96.8%，与上年基本持平；全国光伏发电利用率 98.3%，同比提升 0.3 个百分点。**从消纳责任权重完成情况来看**，北京等 26 个省（自治区、直辖市）完成了国家能源主管部门下达的最低总量消纳责任权重，其中 17 个省（自治区、直辖市）达到激励值。**从特高压线路利用情况来看**，20 条直流特高压线路年输送电量 5638 亿 kW·h，其中可再生能源电量 3166 亿 kW·h，同比提高 10.3%，可再生能源电量占全部直流特高压线路总输送电量的 56.2%。通报的内容是各地区 2022 年可再生能源开发建设和并网运行的基础数据，要求各地区高度重视可再生能源电力发展，进一步提高可再生能源利用水平。

5.3 市 场 交 易

明确绿电溢价收益、绿证收益与国家可再生能源补贴的关系，进一步完善绿电绿证交易机制。2023 年 2 月 15 日，国家发展改革委、财政部、国家能源局下发《国家发展改革委　财政部　国家能源局关于享受中央政府补贴的绿电项目参与绿电交易有关事项的通知》（发改体改〔2023〕75 号），明确指出享受国家可再生能源补贴的绿色电力，参与绿电交易时高于项目所执行的煤电基准电价的溢价收益等额冲抵国家可再生能源补贴或归国家所有，发电企业放弃补贴的，参与绿电交易的全部收益归发电企业所有。享受国家可再生能源补贴并参与绿电交易的绿电优先兑付补贴，绿电交易结算电量占上网电量比例超过50%且不低于本地区绿电结算电量平均水平的绿电项目，由电网企业审核后可优先兑付中央可再生能源补贴。由国家保障性收购的绿色电力可统一参加绿电交易或绿证交易，由电网企业依照有关政策法规要求保障性收购并享受国家可再生能源补贴的绿色电力，可由电网企业统一参加绿电交易，或由承担可再生能源发展结算服务的机构将对应的绿证统一参加绿证交易。

激发绿色电力消费潜力、扩大绿色电力消费需求，推动全社会提升绿色电力消费水平。2023年7月25日，国家发展改革委、财政部、国家能源局联合印发《关于做好可再生能源绿色电力证书全覆盖工作促进可再生能源电力消费的通知》（发改能源〔2023〕1044号），进一步健全完善可再生能源绿色电力证书（绿证）制度，明确绿证适用范围，规范绿证核发，健全绿证交易，扩大绿电消费，完善绿证应用，实现绿证对可再生能源电力的全覆盖。**具体在核发方面，**一是规范流程，各发电企业或项目业需要及时通过国家可再生能源项目信息管理平台建档立卡系统完成项目信息填报确认工作，作为开展绿证核发的基础工作；二是提高效率，以电网企业、电力交易机构提供的数据为基础，通过发电企业或项目业主提供的数据相核对，在保障数据及时性、准确性的基础上，为已建档立卡的可再生能源发电项目所生产的全部电量主动核发绿证。**在交易方面，**一是明确交易模式，开展绿电交易时，交易合同中要分别明确绿证和物理电量的交易量、交易价格，分别体现物理电能量及环境权益价值；二是丰富交易方式，在现阶段双边协商、挂牌交易方式的基础上，将适时组织开展集中竞价交易，满足各交易主体交易诉求；三是拓展绿证交易平台，开展绿证交易的平台在中国绿证认购交易平台的基础上，已拓展至北京电力交易中心和广州电力交易中心。

**促进新能源消纳，保障电力安全可靠供应，服务电力系统向清洁低碳、安全高效转型。2023 年 9 月 7 日，国家发展改革委、国家能源局关于印发《电力现货市场基本规则（试行）》的通知（发改能源规〔2023〕1217 号），指导各地因地制宜开展电力现货市场建设，优化电力现货市场推进程序，规范电力现货市场规则编制，从市场准入退出、交易品种、交易时序、交易执行结算、交易技术标准等方面一体化设计规则体系，积极推动电力市场间衔接，加快构建全国统一电力市场体系，促进资源在更大范围内优化配置。明确电力现货市场建设路径。明确近期重点推进省间、省（区、市）/区域市场建设，以"统一市场、协同运行"起步，加强中长期、现货、辅助服务交易衔接，畅通批发、零售市场价格传导，推动新能源、新型主体、各类用户平等参与电力交易。中远期现货市场建设要适应新型电力系统运行要求，实现源网荷储各环节灵活互动、高效衔接，形成平等竞争、自主选择的市场环境，逐步推动省间、省（区、市）/区域市场融合，推动全国统一电力市场体系全面建成。

进一步明确新能源参与现货市场的实施路径以及出清原则。 2023 年 10 月 12 日，国家发展改革委、国家能源局发布《关于进一步加快电力现货市场建设工作的通知》（发改办体改〔2023〕813 号），明确现货市场建设要求，要求进一步扩大经营主体范围，统筹做好各类市场机制衔接，进一步扩大市场主体范围。加快放开各类电源参与电力现货市场，不断扩大用户侧主体参与市场范围，鼓励新型主体参与电力市场，做好现货与中长期交易衔接，研究对新能源占比较高的省区，适当放宽年度中长期合同签约比例，开展现货交易地区，中长期交易需连续运营，并实现执行日前七日（$D-7$ 日）至执行日前两日（$D-2$ 日）连续不间断交易，将绿电交易纳入中长期交易范畴，交易合同电量部分按照市场规则，明确合同要素并按现货价格结算偏差电量。

5.4 行 业 管 理

规范光伏发电产业发展用地管理，优化大型光伏基地和光伏发电项目空间

布局。2023 年 3 月 20 日，自然资源部、国家能源局等部门联合发布《关于支持光伏发电产业发展规范用地管理有关工作的通知》（自然资办发〔2023〕12 号），提出光伏发电项目选址应当避让耕地、生态保护红线、历史文化保护线、特殊自然景观价值和文化标识区域、天然林地、国家沙化土地封禁保护区，新建、扩建光伏发电项目，一律不得占用永久基本农田、基本草原、Ⅰ级保护林地。明确光伏方阵用地不得占用耕地，占用其他农用地的，应根据实际合理控制，节约集约用地，尽量避免对生态和农业生产造成影响。光伏发电项目配套设施用地按建设用地进行管理和审批，涉及占用耕地的，按规定落实耕地"占补平衡"。符合光伏用地标准，位于方阵内部和四周，直接配套光伏方阵的道路，可按农村道路用地管理，涉及占用耕地的，按规定落实耕地"进出平衡"。对于符合国土空间规划和用途管制要求、纳入国土空间规划"一张图"的国家大型光伏基地建设范围项目，在项目立项与论证时要对项目用地用林用草提出意见与要求，保障项目用地用林用草合理需求。

明确风电场改造升级和退役管理办法，引导风电场改造升级和退役有序发展。2023 年 6 月 5 日，国家能源局发布《风电场改造升级和退役管理办法的通知》（国能发新能规〔2023〕45 号）。**在电网接入上**，改造前需要重新办理接入系统审查意见；原有容量不占用新增消纳空间，新增容量鼓励通过市场化方式并网。**在用地保障上**，对不改变风电机组位置且改造后用地面积总和不大于改造前面积的项目，符合国土空间规划的，不需要重新办理用地预审与选址意见书。生态保护红线和自然保护地内的风电场原则上不进行改造升级。**在电价上**，等容改造项目和增容改造项目补贴电量执行原批复上网电价，其他电量上网电价按照改造升级核准变更时的电价政策执行。**在补贴上**，并网运行未满 20 年且累计发电量未超过全生命周期补贴电量的风电场改造升级项目，继续给予中央财政补贴，每年补贴电量按实际发电量执行且不超过改造前项目全生命周期补贴电量的 5%执行。运行已满 20 年或已达到全生命周期合理利用小时数的项目不再享受中央财政补贴资金。风电场改造升级所需要的施工时间计入 20 年的全生命周期年限。

系统部署退役风电、光伏设备循环利用工作，提出退役风电、光伏设备循环利用的工作目标。 2023 年 7 月 21 日，国家发展改革委、国家能源局、工业和信息化部、生态环境部、商务部、国务院国资委联合发布《关于促进退役风电、光伏设备循环利用的指导意见》（发改环资〔2023〕1030 号）。提出到 2025 年，集中式风电场、光伏发电站退役设备处理责任机制基本建立，退役风电、光伏设备循环利用相关标准规范进一步完善，资源循环利用关键技术取得突破。到 2030 年，风电、光伏设备全流程循环利用技术体系基本成熟，资源循环利用模式更加健全，资源循环利用能力与退役规模有效匹配，标准规范更加完善，风电、光伏产业资源循环利用水平显著提升，形成一批退役风电、光伏设备循环利用产业集聚区。

整治对项目开发强制要求产业配套、投资落地等不当市场干预问题。 2023 年 9 月 4 日，国家能源局发布《关于开展新能源及抽水蓄能开发领域不当市场干预行为专项整治工作方案的通知》（国能综通新能〔2023〕106 号），聚焦 2023 年 1 月 1 日以来各地方组织实施的风电、光伏和抽水蓄能开发项目，核查项目在签订开发意向协议、编制项目投资市场化配置方案、组织实施市场化配置项目开发过程、项目开发建设全过程中是否存在不当市场干预行为，重点整治通过文件等形式对新能源发电和抽水蓄能项目强制要求配套产业及强制要求投资落地等问题，并在此基础上深入查找制度机制层面的短板弱项，加快形成一批务实管用的常态化长效化机制，营造规范高效、公平竞争、充分开放的市场开发环境。

实施电力业务许可豁免，严把许可准入关。 2023 年 10 月 7 日，国家能源局发布《关于进一步规范可再生能源发电项目电力业务许可管理的通知》（国能发资质规〔2023〕67 号），将分散式风电项目纳入许可豁免范围，不要求其取得电力业务许可证。提出风电、光伏发电等可再生能源发电项目在申请电力业务许可证时的登记方式，要求光伏发电项目以交流侧容量（逆变器的额定输出功率之和，单位 MW）在电力业务许可证中登记。调整可再生能源发电项目（机组）许可延续政策，明确风电机组许可延续有关工作要求，达到设计寿命的生物质、光热发电机组，参照火电机组许可延续政策和标准执行，水电机组暂不纳入许可延续管理。

加强对可再生能源运行的监测与监管，为政府部门制定政策和规划提供依据。2023 年 10 月 29 日，国家能源局发布《关于可再生能源利用统计调查制度的通知》（国能发新能〔2023〕74 号），全面及时了解全国可再生能源生产、消费、供销基本情况，主要调查对象为各地方能源主管部门、国网、南网、央国企等可再生能源投资开发企业，报告期别分为月报和年报两种方式。具体调查类型包括风电、光伏、光热、生物质、地热能等。光伏调查指标包括设备容量、平均设备容量、最大出力、发电量、上网电量、利用小时数、弃光电量、弃光率等，旨在加强对可再生能源运行的监测监管，为有关部门提供管理依据。

（本章撰写人：叶小宁、吴珂鸣、迟成　审核人：王彩霞、代红才、吴鹏、洪博文）

6

专题研究

6.1 全球可再生能源装机展望情况分析

6.1.1 全球可再生能源装机现状

据国际可再生能源署 IRENA 统计[❶]，截至 2023 年底，全球可再生能源装机容量为 **38.65 亿 kW**。其中，太阳能光伏装机容量为 14.18 亿 kW，风电装机容量为 10.17 亿 kW，水力发电装机容量 12.65 亿 kW。

分国家（地区）看，中国、欧盟、美国、印度、德国和英国几大经济体可再生能源装机容量合计 **29.7 亿 kW，占全球的 76.8%**。其中，中国大陆可再生能源装机容量达到 15.16 亿 kW，占比 39.2%；欧盟、美国、印度、德国和英国可再生能源装机容量合计达到 14.54 亿 kW，合计占比 37.6%。**总体来看，欧盟、美国、印度、德国和英国等经济体合计装机容量与中国基本相当**。截至 2023 年底全球分品种可再生能源发电装机容量见表 6-1。

表 6-1　　截至 2023 年底全球分品种可再生能源发电装机容量　　　　　　亿 kW

技术类型	全球	中国	欧盟	美国	印度	德国	英国
可再生能源装机容量	**38.65**	**15.16**	**6.70**	**3.85**	**1.76**	**1.67**	**0.56**
其中：水力发电	12.65	4.22	1.53	1.03	0.52	0.11	0.05
风电	10.17	4.41	2.17	1.48	0.45	0.69	0.3
太阳能光伏发电	14.18	6.09	2.57	1.39	0.73	0.82	0.16
生物质能发电	1.49	0.44	0.35	0.11	0.11	0.10	0.07
地热发电	0.15	0	0.01	0.03	0	0	0

❶　数据来源：IRENA，Renewable Capacity Statistics 2024。

6.1.2 国际组织对可再生能源装机展望情况

（一）国际可再生能源署

国际可再生能源署（IRENA）于 2023 年 6 月发布《World Energy Transitions Outlook 2023》报告，分规划能源场景和 1.5℃ 两个场景对可再生能源发展进行展望。其中，**规划能源场景**基于各国当前能源规划展开预测。根据预测，全球可再生能源装机在 2030 年将达到 67.73 亿 kW，在 2050 年将达到 158.35 亿 kW。**1.5℃场景**以达到 1.5℃ 气候目标[❶]进行预测。根据预测，全球可再生能源装机到 2030 年需要提高两倍，达到 111.74 亿 kW，到 2050 年需要达到 332.16 亿 kW。IRENA 规划能源场景与 1.5℃ 场景预测关键指标见表 6-2。

表 6-2　　　　**IRENA 规划能源场景与 1.5℃ 场景预测关键指标**　　　　　亿 kW

技术类型	规划能源场景		1.5℃场景	
	2030 年	2050 年	2030 年	2050 年
可再生能源装机容量	67.73	158.35	111.74	332.16
可再生能源装机占比（%）	58	80	77	94

总体来看，IRENA 认为，为达到 1.5℃ 气候目标，到 2030 年世界需要将全球可再生能源发电装机容量提高约两倍。按照规划能源场景，2030 年全球可再生能源发电装机容量仅比截至 2022 年底装机容量提高约一倍。

（二）国际能源署

国际能源署（IEA）于 2023 年 10 月发布《World Energy Outlook 2023》报告，分三个场景进行了预测分析。**既定政策场景**基于现有政策环境展开分析。预测结果表明，到 2030 年，全球可再生能源发电装机容量将达到 86.11 亿 kW，到 2035、2050 年将分别达到 119.49 亿、191.20 亿 kW。**宣布承诺场景**基于各国已做出的气候承诺，包括国家确定的可再生能源占比目标及长期净零排放目标

---

❶　1.5℃ 气候目标：即到 21 世纪末将全球平均气温相对于工业化前水平的上升限制在 1.5℃ 之内。

等进行预测。预测结果表明，全球可再生能源装机容量到 2030 年将达到 97.86 亿 kW，到 2035、2050 年将分别达到 144.26 亿、253.68 亿 kW。**2050 年净零排放场景**基于 2050 年实现零净排放的目标进行分析预测。预测结果表明，为达到 2050 年净零排放的目标，可再生能源装机容量需要在 2030 年达到 110.08 亿 kW，在 2035、2050 年将分别达到 174.60 亿、302.75 亿 kW。IEA 不同场景下全球可再生能源发电预测值见表 6-3。

表 6-3　　　　　　IEA 不同场景下全球可再生能源发电预测值　　　　亿 kW

类型	既定政策场景			宣布承诺场景			2050 年净零排放场景		
	2030 年	2035 年	2050 年	2030 年	2035 年	2050 年	2030 年	2035 年	2050 年
可再生能源装机容量	86.11	119.49	191.20	97.86	144.26	253.68	110.08	174.60	302.75
其中：水力发电	15.71	16.81	20.28	16.20	18.04	23.04	17.65	20.54	26.12
风电	20.64	27.47	38.74	24.20	34.18	58.79	27.42	43.22	76.16
太阳能光伏发电	46.99	71.74	126.39	53.77	86.48	160.41	61.01	104.30	187.53
生物质发电	2.32	2.72	3.93	3.00	4.07	7.06	2.96	4.26	6.88
地热发电	0.27	0.37	0.63	0.34	0.51	1.00	0.48	1.34	4.27
可再生能源装机占比（%）	61	67	74	64	71	79	68	76	82

总体来看，IEA 认为，为达到 2050 年净零排放目标，2030 年可再生能源装机容量需要提高约两倍，达到 110 亿 kW 左右。若按既定政策场景，可再生能源装机容量比 2022 年底装机容量提高 155%。

（三）美国能源信息署

美国能源信息署（EIA）于 2023 年 10 月发布《International Energy Outlook 2023》报告，分七个场景展开预测分析。为体现未来经济增长、油价、零碳技术成本的不确定性等对预测结果的影响，EIA 在参考案例场景的基础上，分别设立了高、低经济增长场景，高、低油价场景，以及高、低零碳技术成本场景。

参考案例场景根据当前能源形势、现行法律以及特定的经济、技术变化趋势进行建模预测。根据预测，可再生能源装机容量到 2030 年预计达到 50.16 亿 kW，到 2035 年达到 57.29 亿 kW，到 2050 年达到 82.44 亿 kW。**高经济增长场景**基于经济高速增长模式进行预测。根据预测，可再生能源装机容量到 2030 年达到 50.45 亿 kW，到 2035 年达到 61.66 亿 kW，到 2050 年达到 97.22 亿 kW。**低经济增长场景**基于经济低迷发展模式进行预测。根据预测，可再生能源装机容量到 2030 年达到 49.50 亿 kW，到 2035 年达到 55.07 亿 kW，到 2050 年达到 71.61 亿 kW。EIA 参考案例场景及高、低经济增长场景下全球可再生能源发电预测值见表 6-4。

表 6-4　　　　　　EIA 参考案例场景及高、低经济增长场景下

全球可再生能源发电预测值　　　　　　　　亿 kW

技术类型	参考案例场景			高经济增长场景			低经济增长场景		
	2030 年	2035 年	2050 年	2030 年	2035 年	2050 年	2030 年	2035 年	2050 年
可再生能源装机容量	50.16	57.29	82.44	50.45	61.66	97.22	49.50	55.07	71.61
其中：水力发电	13.76	14.15	15.01	13.79	14.20	15.26	13.75	14.08	14.83
风电	13.25	15.54	21.07	13.62	16.69	24.44	12.93	14.43	17.17
太阳能光伏发电	20.71	25.05	43.48	20.58	28.20	54.57	20.40	24.05	36.81
地热发电	0.27	0.30	0.35	0.27	0.30	0.35	0.25	0.28	0.33
可再生能源装机占比（%）	48	51	55	48	52	55	48	51	54

高油价场景基于开采成本和政策会导致原油价格上涨的情况进行预测。根据预测，可再生能源装机容量到 2030 年达到 49.34 亿 kW，到 2035 年达到 56.13 亿 kW，到 2050 年达到 83.70 亿 kW。**低油价场景**基于所有原油开采都采用了更具成本效益的方法，从而降低了油价的情况展开预测。根据预测，可再生能源装机容量到 2030 年达到 50.59 亿 kW，到 2035 年达到 57.24 亿 kW，到 2050 年达到 82.12 亿 kW。EIA 高、低油价场景下全球可再生能源发电预测值见表 6-5。

表 6-5　　　EIA 高、低油价场景下全球可再生能源发电预测值　　　　亿 kW

技术类型	参考案例场景			高油价场景			低油价场景		
	2030 年	2035 年	2050 年	2030 年	2035 年	2050 年	2030 年	2035 年	2050 年
可再生能源装机容量	50.16	57.29	82.44	49.34	56.13	83.70	50.59	57.24	82.12
其中：水力发电	13.76	14.15	15.01	13.76	14.17	15.08	13.76	14.16	14.83
风电	13.25	15.54	21.07	12.92	14.92	20.81	13.24	15.47	20.73
太阳能光伏发电	20.71	25.05	43.48	20.21	24.49	44.93	21.13	25.06	43.69
地热发电	0.27	0.30	0.35	0.27	0.30	0.34	0.27	0.30	0.35
可再生能源装机占比（%）	48	51	55	48	50	55	49	51	55

高零碳技术成本场景假定在预测期内零碳发电技术保持在 2022 年的水平不变进行预测分析。根据预测，可再生能源装机容量到 2030 年达到 48.00 亿 kW，到 2035 年达到 53.80 亿 kW，到 2050 年达到 74.15 亿 kW。**低零碳技术成本场景**假定零碳发电技术成本会逐渐下降，到 2050 年，将降低 40%。根据预测，可再生能源装机容量到 2030 年达到 51.22 亿 kW，到 2035 年达到 60.84 亿 kW，到 2050 年达到 101.76 亿 kW。EIA 高、低零碳技术成本场景下全球可再生能源发电预测值见表 6-6。

表 6-6　　　EIA 高、低零碳技术成本场景下全球可再生能源发电预测值　　　亿 kW

技术类型	参考案例场景			高零碳技术成本场景			低零碳技术成本场景		
	2030 年	2035 年	2050 年	2030 年	2035 年	2050 年	2030 年	2035 年	2050 年
可再生能源装机容量	50.16	57.29	82.44	48.00	53.80	74.15	51.22	60.84	101.76
其中：水力发电	13.76	14.15	15.01	13.76	14.14	14.85	13.77	14.18	14.66
风电	13.25	15.54	21.07	12.96	15.23	23.25	13.58	16.15	24.93
太阳能光伏发电	20.71	25.05	43.48	18.83	21.88	33.17	21.42	27.97	59.19
地热发电	0.27	0.30	0.35	0.27	0.30	0.35	0.27	0.30	0.35
可再生能源装机占比（%）	48	51	55	47	49	52	49	53	60

总体来看，EIA 预测结果较 IRENA 和 IEA 预测结果偏保守，且各场景预测结果相差不大，2030 年全球可再生能源发电装机容量比 2022 年底装机容量增长约 42%～52%。

（四）国际组织可再生能源装机展望对比分析

从各机构关于**2030 年全球可再生能源装机预测结果看**，IRENA 的 1.5℃场景与 IEA 的 2050 年净零排放场景预测结果较为接近，均认为**全球可再生能源装机容量均需增长两倍达到 110 亿 kW 以上，与 G20 领导人新德里峰会宣言中提出的"全球两倍目标"相契合**。EIA 的预测结果偏保守，预测 2030 年全球可再生能源装机容量在 50 亿 kW 左右。**若按照当前政策，IRENA 和 IEA 的预测结果均表明**，2030 年全球可再生能源装机容量在 68 亿～86 亿 kW，仅比 2022 年底装机容量提高 101%～155%。

从各机构对**2035 年全球可再生能源装机预测结果看**，IEA 预测实现 2050 年净零排放场景，全球装机容量需达到 174.60 亿 kW，**按现有政策场景，可达到 119.49 亿 kW，比 2022 年底装机容量增长两倍**。EIA 各个场景的预测结果较低，为 54 亿～62 亿 kW。

从各机构对**2050 年可再生能源装机预测结果看**，IRENA 的 1.5℃场景与 IEA 的 2050 年净零排放场景预测结果较高，分别为 332.16 亿 kW 与 302.75 亿 kW。按现有政策场景，为 158 亿～191 亿 kW，EIA 各个场景预测为 72 亿～102 亿 kW。

6.1.3　主要经济体可再生能源装机目标情况

欧盟理事会于 2023 年 10 月通过了新的《可再生能源指令》（RED），指令提出到 2030 年将可再生能源在欧盟能源消费总量中的份额目标提高到 42.5%。截至 2022 年，可再生能源在欧盟能源消费中的份额为 22.5%[1]。

---

[1]　数据来源：欧盟官网，https://www.consilium.europa.eu/en/press/press-releases/2023/10/09/renewable-energy- council-adopts-new-rules/。

美国拜登政府于 2021 年 11 月，发布了《迈向 2050 年净零排放的长期战略》（The Long-Term Strategy of the United States: Pathways to Net-Zero Greenhouse Gas Emissions by 2050），提出到 2035 年实现 100%的清洁能源电力，到 2050 年实现净零排放。美国内政部、能源部和商务部于 2021 年 3 月共同宣布，到 2030 年在美国部署 30GW 的海上风电❶。

印度总理莫迪于 2021 年 11 月出席位于英国格拉斯哥的第 26 届联合国气候大会（COP26）时宣布，到 2070 年实现净零碳排放目标，到 2030 年将非化石燃料装机容量提升至 500GW。

德国于 2022 年 12 月修订的《可再生能源法 2023》（EEG 2023）中指出，计划到 2030 年实现可再生能源发电占比达到 80%，到 2045 年实现碳中和。其中，陆上风电装机容量到 2030 年达到 115GW，海上风电装机容量到 2030 年达到 30GW，太阳能光伏发电装机容量到 2030 年达到 215GW。

英国政府于 2022 年 4 月发布《能源安全战略》，计划于 2035 年实现电力系统脱碳。该战略提出英国 2030 年海上风电装机目标提高至 50GW，陆上风电装机容量目标提升至 30GW，太阳能装机容量目标提升至 50GW。然而，英国首相苏纳克于 2023 年 9 月 20 日，在其召开的新闻发布会上宣布，**英国将背弃在气候应对问题上的承诺**，推迟一系列关键的气候目标，英国未来可再生能源发展存在不确定性。全球主要经济体可再生能源装机容量目标见表 6-7。

表 6-7　　　　全球主要经济体可再生能源装机容量目标　　　　亿 kW

国家（地区）	截至 2022 年底可再生能源装机容量	各国明确提出的到 2030 年新增可再生能源装机目标	可再生能源发电占比目标	
			2022 年	2030 年
欧盟	—	—	22.5%	42.5%
美国	3.52	0.16	—	—
印度	1.63	3.37	—	—

---

❶　截至 2022 年底，美国海上风电装机容量为 14GW。

续表

国家（地区）	截至 2022 年底可再生能源装机容量	各国明确提出的到 2030 年新增可再生能源装机目标	可再生能源发电占比目标	
			2022 年	2030 年
德国	1.48	2.27	48.3%❶	80%
英国	0.52	0.87	—	—

要达到 G20 领导人新德里峰会宣言提出的"全球两倍目标"，到 2030 年底，全球可再生能源装机需要新增现有装机容量的两倍左右，约 67 亿 kW。**根据各国目前公布的可再生能源装机目标的新增装机情况，各国到 2030 年，实现新增本国目前装机的两倍普遍存在一定难度，且部分国家存在放弃现有承诺的情况，达成"全球两倍目标"面临较大的挑战。**

6.2 绿证与可再生能源消纳保障机制统筹衔接机制

6.2.1 绿证制度及消纳责任权重统筹衔接面临的问题和挑战

（1）我国绿证制度及相关政策要求。

近年来，我国在推动绿电绿证制度和市场建设方面做出了大量的政策和制度安排，初步探索出一条符合我国国情的绿色电力市场建设路径。在有关政策推动下，可再生能源绿色电力证书的内涵逐步丰富，功能不断扩展，为促进可再生能源发展发挥了积极作用。未来随着绿证制度的进一步完善，绿证作为体现可再生能源电力环境价值的基础凭证，生产流通方式将发生根本性的变化，将对促进我国可再生能源健康发展，助力实现能源消费绿色低碳转型发挥更大的作用。

绿证是国家对可再生能源电量颁发的具有特殊代码标识的证书，自 2017 年

---

❶ 数据来自德国联邦网络管理局。

我国建立绿证制度，随着可再生能源快速发展和绿色消费需求提升，绿证的内涵外延和生产流通方式不断演化完善。总体上看，绿证制度及相关政策的发展主要分为四个阶段：自愿认购补贴绿证阶段、补贴绿证和平价绿证并行阶段、绿证作为基础凭证全面市场化阶段、绿电绿证全覆盖。

1）自愿认购补贴绿证阶段（2017－2018年）。

2017年2月，国家发展改革委、财政部、国家能源局联合印发《关于试行可再生能源绿色电力证书核发及自愿认购交易制度的通知》（发改能源〔2017〕132号），提出在全国范围内试行绿证核发和自愿认购，风电、光伏发电企业出售绿证后，相应的电量不再享受补贴，且绿证经认购后不得再次出售。在此阶段，绿证政策的目标侧重于通过绿证收入缓解国家财政补贴压力，同时推动有意愿和一定经济承受能力的电力用户使用绿色能源，形成全社会积极利用绿色低碳能源的整体氛围和市场导向。

2）补贴绿证和平价绿证并行阶段（2019－2021年）。

2019年1月，国家发展改革委、国家能源局印发《关于积极推进风电、光伏发电无补贴平价上网有关工作的通知》（发改能源〔2019〕19号），提出部分条件好的地区已基本具备与燃煤标杆上网电价平价（不需要国家补贴）的条件，鼓励平价上网和低价上网可再生能源项目通过绿证交易获得合理收益。自此，在原有自愿认购"补贴绿证"的基础上，提出了与补贴脱钩，直接反映绿色电力环境属性的"平价绿证"。推动对平价新能源项目电量核发绿证，让平价项目的绿色环境价值显性化，并获得了上网电价之外的额外收益，为通过市场反应可再生能源电力的绿色价值，促进绿证市场规模扩大奠定了基础。

在政策安排和衔接上，绿证的应用场景得到进一步拓展。2019年5月，国家发展改革委、国家能源局印发《关于建立健全可再生能源电力消纳保障机制的通知》（发改能源〔2019〕807号），对各省级行政区域设定可再生能源电力消纳责任权重，建立健全可再生能源电力消纳保障机制，购买绿证也作为完成消纳责任权重的方式之一。

3）"证电分离"并实现市场化阶段（2021—2022年）。

2021年8月，国家发展改革委、国家能源局印发《关于绿色电力交易试点工作方案的复函》（发改体改〔2021〕1260号），同意国家电网公司、南方电网公司开展绿色电力交易试点，同时做好绿色电力交易与绿证机制的衔接。建立了最早以"证电合一"方式实现绿色环境权益同步转移的绿证生产流通制度。

2022年8月，国家发展改革委、国家能源局、国家统计局印发《关于进一步做好新增可再生能源不纳入能源消费总量控制有关工作的通知》（发改运行〔2022〕1258号），明确以绿证作为可再生能源电力消费量认定的基本凭证，省级行政区可再生能源消费量以本省电力用户持有的绿证作为核算基准，绿证核发范围覆盖所有可再生能源发电项目，建立全国统一的绿证体系。

2022年9月，国家发展改革委、国家能源局印发《关于推动电力交易机构开展绿色电力证书交易的通知》（发改办体改〔2022〕797号），在国家可再生能源信息管理中心组织绿证自愿认购的基础上，推动电力交易机构开展绿证交易，引导更多电力用户通过绿证市场购买绿证，作为获取绿色电力环境权益的补充方式。

4）绿证全覆盖及绿色消费凭证阶段（2023年至今）。

2023年2月，国家发展改革委、财政部、国家能源局联合下发《关于享受中央政府补贴的绿电项目参与绿电交易有关事项的通知》（发改体改〔2023〕75号），提出在推动平价可再生能源项目全部参与绿电交易的基础上，稳步推进享受国家可再生能源补贴的绿电项目参与绿电绿证交易。由国家保障性收购的绿色电力可统一参加绿电交易或绿证交易，绿电交易产生的溢价收益及对应的绿证交易收益等额冲抵国家可再生能源补贴或归国家所有；不再由电网企业保障收购、或由项目单位自主选择参加电力市场的带补贴绿色电力，可直接参与绿电交易，也可参与电力交易（对应绿证可同时参与绿证交易），绿电交易产生的溢价收益及参加对应绿证交易的收益，在国家可再生能源补贴发放时等额扣减。

2023年8月，国家发展改革委、财政部、国家能源局联合印发《关于做好可再生能源绿色电力证书全覆盖工作促进可再生能源电力消费的通知》（发改能源〔2023〕1044号）。一是文件明确了绿证的功能。绿证是认定可再生能源电力生产、消费的唯一凭证，用于可再生能源电力消费量核算、可再生能源电力消费认证等，其中可交易绿证还可通过参与绿证绿电交易等方式在发电企业和用户间有偿转让。二是文件明确了绿证核发范围，包括风电（含分散式风电和海上风电）、太阳能发电（含分布式光伏发电和光热发电）、常规水电、生物质发电、地热能发电、海洋能发电等已建档立卡的可再生能源发电项目所生产的全部电量。除存量常规水电项目暂不核发可交易绿证，其他均核发可交易绿证。三是明确了绿证五大用途，包括支撑绿色电力交易、核算可再生能源消费、认证绿色电力消费、衔接碳市场、推动绿证国际互认。

2024年2月，国家发展改革委出台《关于加强绿色电力证书与节能降碳政策衔接大力促进非化石能源消费的通知》（发改环资〔2024〕113号），提出完善能耗双控制度，进一步加强绿色电力证书与节能降碳政策衔接，拓展绿证应用场景，促进非化石能源消费。一是将绿证交易电量纳入节能评价考核指标核算。将绿证交易对应电量纳入"十四五"省级人民政府节能目标责任评价考核指标核算，实行以物理电量为基础、跨省绿证交易为补充的可再生能源消费量扣除政策。明确受端省区通过绿证交易抵扣的消费量原则上不超过完成本地区目标所需节能量的50%。二是扩大绿证交易范围。加快建立高耗能企业可再生能源强制消费机制，鼓励通过购买绿证绿电进行可再生能源消费替代，推动地方将可再生能源消纳责任分解到重点用能单位。三是拓展绿证应用场景。健全绿色电力消费认证和节能降碳管理机制；完善绿证与碳核算和碳市场管理衔接机制；加强绿证对产品碳足迹管理支撑保障；推动绿证国际互认。

（2）可再生能源消纳保障机制发展历程。

2019年5月国家发展改革委、国家能源局印发《关于建立健全可再生能源电力消纳保障机制的通知》（发改能源〔2019〕807号，简称807号文），提出建立可再生能源电力消纳保障机制。一方面，通过消纳责任权重指标约束，激励提高本地可再生能源消纳水平；另一方面，为满足消纳责任权重要求，受端省区消纳可再生能源意愿增强，借助消纳保障机制，打破省间壁垒，促进可再生能源跨省区交易，实现可再生能源在更大范围内优化配置。2019 年，各省级能源主管部门以模拟运行方式对本省承担消纳责任的市场主体进行试考核，自 2020 年 1 月 1 日起全面进行监测评价和正式考核。

2020 年 5 月，国家发展改革委、国家能源局下发《关于印发各省级行政区域 2020 年可再生能源电力消纳责任权重的通知》（发改能源〔2020〕767 号），强调各省级能源主管部门会同经济运行管理部门要切实承担牵头责任，按照消纳责任权重认真组织制定实施方案，积极推动本行政区域内可再生能源电力建设，推动承担消纳责任的市场主体积极落实消纳责任，完成可再生能源电力消纳任务。

2021 年 5 月，国家发展改革委、国家能源局下发《关于 2021 年可再生能源电力消纳责任权重及有关事项的通知》（发改能源〔2021〕704 号），可再生能源电力消纳责任权重定位和功能出现调整，一是由促消纳向引导发展转变。从 2021 年起，每年初滚动发布各省权重，同时印发当年和次年消纳责任权重，次年权重为预期性指标，各省按此开展项目储备。二是 2022 年开始各地非水权重采取等额提升的方式下达，按 1.25 个百分点等额提升。三是增加省间置换的实现方式。鼓励各省之间互相协商开展合作，共同完成消纳责任权重。四是增设年度转移的考核规则。符合条件的当年消纳责任权重未完成的部分可结转至下一年度完成。

2022 年 11 月，国家发展改革委、国家能源局下发《关于 2022 年可再生能源消纳责任权重及有关事项的通知》（发改能源〔2022〕680 号），明确从 2022 年起逐步建立以可再生能源绿色电力证书计量可再生能源消纳量的相关制度。

2023 年 8 月，国家发展改革委、国家能源局下发《关于 2023 年可再生能源电力消纳责任权重及有关事项的通知》（发改能源〔2023〕569 号），提出各省级行政区域可再生能源电力消纳责任权重完成情况以实际消纳的可再生能源物理电量为主要核算方式，各承担消纳责任的市场主体权重完成情况以自身持有的可再生能源绿色电力证书为主要核算方式。

（3）绿证与可再生能源消纳保障机制衔接存在的问题。

一是促进绿色电力消费的激励和约束机制未能有效贯通，绿证未能实现在用户侧全传导。一方面，绿电消费尚未体现对碳排放"双控"的贡献。尽管国家明确提出，创造条件尽早实现能耗"双控"向碳排放总量和强度"双控"转变。目前，企业购买绿电绿证暂无法抵扣能耗"双控"，消费绿电的节能减排效益没有获得认可。另一方面，大部分省区没有将可再生能源消纳责任权重落实到电力用户，缺乏对市场主体消费可再生能源电力的硬性约束，对用户购买绿色电力的政策激励不足，在影响绿电绿证市场规模扩大的同时，也导致绿色电力的环境价值不能得到充分体现。从消费侧来看，电力用户未纳入绿电交易范围，其购买使用电力中的绿证价值无法体现。

二是绿色消费核算认证体系尚未建立。绿色消费核算体系的建立是落实可再生能源消纳责任制度，推动消费侧绿色低碳转型的基础。建立绿色消费核算体系是推动消费侧绿色转型的基本要求。省级消纳责任落实与考核需要建立省级绿色消费核算体系；消费侧重点行业需要建立重点行业和产品绿色消费核算体系。目前统一绿电消费认证标准和核算体系尚不完善。绿色电力碳减排量测算等认证标准不统一、确权信息渠道不透明等可能造成重复激励或重复处罚等问题。

三是尚未建立绿色电力消费核算体系与碳核算衔接机制。目前，国际上碳市场规则设计中碳排放核算标准主要应用的是 IPCC 提出的生产者责任法，中国国家和地方相关标准和指南对碳排放的核算方法在基于生产者责任法的同时考虑了电力和热力的间接碳排放。绿电在碳排放核算体系中如何体现，绿电交易与碳交易如何衔接不明确。

6.2.2　绿证制度与消纳责任权重衔接机制设计

（1）绿证制度与消纳责任权重衔接的总体思路。

推动绿色生产与绿色消费市场的贯通，落实市场主体消纳可再生的责任，在不大幅增加市场主体用电成本的前提下，通过完善绿证制度和消纳责任权重制度，将省级消纳责任权重指标分解至各承担消纳责任的市场主体，建立自愿市场与强制市场共存的绿证交易机制，以差异化绿证承载作为认定可再生能源电力生产、消费的基础凭证的不同功能，实现绿证交易与绿电交易、碳交易政策的有效衔接，推动可再生能源高质量发展，助力能源消费侧绿色转型，适应能耗双控向碳排放双控转变的要求。

（2）省级消纳责任权重分解。

1）消纳责任权重承担主体。

尽管 807 号文也提出向承担消纳责任权重的市场主体直接分配指标，其中第一类市场主体为售电企业，包括省级电网企业和省属地方电网企业和各类直接向电力用户供（售）电的电网企业、独立售电公司、拥有配电网运营权的售电公司；第二类市场主体为电力用户，包括通过电力批发市场购电的电力用户和拥有自备电厂的企业。但考虑与节能减碳政策的衔接，责任权重在企业层面主要考虑向重点用电企业分解。结合 807 号文以及电力改革最新进展，承担消纳责任权重的市场主体为通过电力批发市场购电的电力用户、通过售电公司（独立售电公司以及拥有配电网运营权的售电公司）购电的电力用户、电网企业代理购电的电力用户和拥有自备电厂的电力用户。

承担消纳责任权重的市场主体：根据电力市场化改革的要求 10kV 及以上的用户要全部进入市场，纳入消纳责任权重考核的重点用户可考虑为 10kV 及以上用户，承担与其年用电量相对应的消纳责任权重。

2）责任权重分配方式。

根据指标分配的形式不同，可以分为按消纳量绝对值分配和按比例分配两类。按消纳量绝对值分配是指扣除本省网损对应的可再生能源考核电量，将市场主体需要承担的可再生能源消纳责任权重指标以电量的形式下发，该方式目标明确，便于各责任主体执行。但当本省实际发生的全社会用电量超过测算值，对应的可再生能源考核电量也相应提升，有可能发生各主体已完成自身的考核消纳量，但本省总体指标没有完成的情况。若按百分比的形式下发，各市场主体承担的可再生能源电量将随着自身售、用电量的增减而调整，有利于市场主体完成指标考核，也有利于保障本省总体指标的完成。

具体分配方案可考虑用户等比例分配方案、差异化分配方案分配两种。

a）等比例分配方案。

等比例分配即每个承担消纳责任权重的用户以其用电量为基数，承担相同比例的可再生能源（非水可再生能源）消纳责任权重，不同用电性质的用户消纳责任权重均相同。

目前，我国省级消纳责任权重是按照全社会用电量计算，考虑到用户用电量是按购电量口径核算，因此重点电力用户的消纳责任权重应该高于本省消纳责任权重，考虑到目前可再生能源发电项目上网电量包括保障性收购电量和市场交易电量，可按本省保障性收购电量/纳入考核的重点用户用电量的比值来确定，以确保保障性收购电量的绿电都有明确收购主体，市场化电量作为自愿购买绿证的来源。

等比例分配方案容易理解、操作简单，但该方案并未考虑电力用户用电类别的差异，还不能充分落实建立高耗能企业可再生能源强制消费机制的要求，可能带来一刀切造成的对工商业企业生产经营的不利影响。

b）差异化权重分配方案。

分为各省差异化和省内用户差异化。差异化权重分配即考虑不同用电分类用户的差异以及电价承受能力的差异，承担不同比例的可再生能源（非水可再生能源）消纳责任权重指标，差异化权重分配方案下不同类别的电力用户承担不同的消纳责任权重，但同类别电力用户承担相同的消纳责任权重，体现了不同市场主体共同而有差别的责任。

差异化权重分配方案可考虑两类：一是与国家能耗双控管理政策相衔接，可按用户用电类型分成高排放电力用户（与纳入国家节能或需求侧管理平台的发电和工业行业中的 7500 家左右的高排放企业）和非高排放电力用户，高排放电力用户承担的消纳责任权重高于非高排放电力用户，具体分配比例需要结合各地区实际，综合考虑高排放电力用户电价承受能力进行测算。二是与国家碳市场管理相关政策衔接，将纳入控排的八大行业所属电力用户作为一类，其他电力用户作为一类。纳入控排的八大行业所属电力用户承担相对较高的消纳责任权重。

（3）基于消纳量的绿电交易、绿证交易衔接机制。

绿电交易（即捆绑式绿证交易）和绿色电力证书交易（即非捆绑式绿证交易）共存、互为补充。现有绿电交易机制中，依托国家可再生能源信息管理中心、电力交易中心等权威机构开展了绿证核发和交易，同时基于严格的技术标准、区块链等先进技术记录绿证核发、交易等各个环节信息，保证不可篡改，实现绿色电力全生命周期可信溯源。相比于国外由非政府机构核发的绿证，更加具有权威性和公信力。未来，可以通过绿证和消纳量并轨实现绿电交易和绿证交易衔接。

该方案有以下优点：第一，发达国家多用具有法定效力的权证为配额制提供灵活性，有大量经验可以借鉴，也有利于和国际接轨；第二，消纳责任权重政策具有强制性，能为绿证创造需求，特别是提高经济承受能力较强地区的购买需求，同时降低可再生电力资源丰富但电力需求有限的地区的经济压力；第三，消纳责任权重政策的权威性可以支持提高绿证的认可度；第四，绿证的交易系统成熟、参与主体范围广，能够支持消纳责任权重政策在市场主体层面有效实施，降低完成考核的成本。两者衔接后会形成强制和自愿两种需求，需要进一步规范绿证的管理，避免影响配额制的政策有效性。

6.2.3 绿证与可再生能源消纳保障机制统筹衔接机制的相关建议

一是明确市场主体承担可再生能源消纳责任的法定义务，将可再生能源消纳责任考核纳入生态文明等考核体系。我国《可再生能源法》中明确规定了将可再生能源的开发利用列为能源发展的优先领域，并通过制定可再生能源开发利用总量目标和采取相应措施，推动可再生能源快速发展。807 号文以《可再生能源法》为依据，建立可再生能源消纳制度。为推动消费侧绿色转型，需进一步强化消费侧电力用户的消纳责任，建议结合电力市场化改革最新进展，以及我国可再生能源发展进入新阶段，在新的可再生能源法修订中明确市场主体承担可再生能源消纳责任的法定义务。明确将省级可再生能源消纳责任分解到重点电力用户，并将该指标纳入生态文明建设的考核体系中，通过设定明确的消纳目标和考核标准，以激发各方对可再生能源发展的重视和投入。

二是健全可再生能源消费统计核算机制。以绿证为抓手健全可再生能源消费统计核算机制，有助于盘活环境价值、绿电消纳和消费量的市场化流转，可为可再生能源电力消纳量和消费量统计核算体系建立提供科学依据。建议进一步明确绿色电力证书在消纳量和消费量统计核算方面的权威性、唯一性、通用性和主导性，保障可再生能源电力权重统计核算工作的顺利实施。并通过定期发布可再生能源消费报告的方式以为市场主体和政府提供决策依据，推动可再生能源产业健康发展。

三是做好可再生能源电力消费与碳排放机制的衔接。构建基于绿证的可再生能源消纳责任制度，以绿证消费促进可再生能源消纳，完善碳市场核算规则，加强绿证抵扣的相关标准制度体系建设，优化碳排放因子测算方法，明确绿证抵扣范围与抵扣方法，做好与碳排放"双控"政策转型的衔接，更好形成政策合力，为推动能源安全保供和绿色低碳转型、助力实现"双碳"目标提供有力支撑。

6.3 源网荷储一体化发展分析及相关政策建议

6.3.1 源网荷储一体化发展政策要求

（1）国家关于源网荷储一体化建设的政策要求。

在新型电力系统构建中，传统电力系统的电源构成、电网形态、负荷特性、技术基础、运行特性都在发生深刻变化，源网荷储各环节的耦合更加紧密。全面考虑源网荷储各环节新的发展模式和运行特性，以系统观念协同和发挥好源网荷储各主体的优势，是新型电力系统构建的重要内容。"十四五"以来，国家出台相关政策，加强源网荷储协同互动，积极探索发展实施路径。

自2021年起，国家层面提出源网荷储一体化和多能互补。2021年2月，国家发展改革委印发《关于推进电力源网荷储一体化和多能互补发展的指导意见》（发改能源规〔2021〕280号），首次提出，通过优化整合本地电源侧、电网侧、负荷侧资源，以先进技术突破和体制机制创新为支撑，探索构建源网荷储高度融合的新型电力系统发展路径，明确区域（省）级、市（县）级、园区（居民区）级三种源网荷储一体化实施方式。其中区域（省）级源网荷储一体化指依托区域（省）级电力辅助服务、中长期和现货市场等体系建设，公平无歧视引入电源侧、负荷侧、独立电储能等市场主体，全面放开市场化交易。市（县）级源网荷储一体化指在重点城市开展源网荷储一体化坚强局部电网建设，研究局部电网结构加强方案，提出保障电源以及自备应急电源配置方案；开展市（县）级源网荷储一体化示范，研究热电联产机组、新能源电站、灵活运行电热负荷一体化运营方案。园区（居民区）源网荷储一体化指开展分布式发电与电动汽车（用户储能）灵活充放电相结合的园区（居民区）级源网荷储一体化建设，开展源网荷储一体化绿色供电园区建设，研究源网荷储综合优化配置方案，提高系统平衡能力。

2021年4月，国家能源局要求各省开展源网荷储和多能互补项目申报及实施方案论证。2021年11月，《关于推进2021年度电力源网荷储一体化和多能互补发展工作的通知》明确"试点先行、逐步推广"的原则，以及"落实可再生能源消纳能力""原则上不占用系统调峰能力""自主调峰、自我消纳"和"严禁借'一体化'项目名义为违规电厂转正、将公用电厂转为自备电厂、拉专线、逃避政府性基金及附加等行为"等要求。

（2）各省关于源网荷储一体化建设的政策要求。

国家相关政策出台后，地方政府和市场主体积极性较高，近20个省已经出台相关配套政策。各地方出台政策特点如下：

一是在国家政策基础上细化类型。内蒙古明确工业园区可再生能源替代项目、风光制氢一体化等 6 类优先支持项目；四川明确水风光一体化等 4 种鼓励项目；河南明确推进工业企业、农村地区、增量配电网类源网荷储一体化项目；江苏明确推进省级、市级、园区级源网荷储一体化。

二是发布项目管理办法和实施细则。明确"三同步"原则，新疆、内蒙古、甘肃、宁夏、河北、河南 6 省区要求源网荷储各要素同步规划、同步建设、同步投产。**明确源荷储配置原则，**新疆、内蒙古、宁夏、青海、甘肃、山东、山西 7 省区要求按照 15%及以上、2～4h 配置储能；山西、甘肃、宁夏、新疆 4 省区要求按照 1.05～2 倍用电负荷配置新能源。**明确不向大电网反送电等运行要求，**新疆、内蒙古、甘肃 3 省区要求不得向大电网反送电；新疆、甘肃明确源网荷储一体化并网技术规范。**明确备用费收取标准，**宁夏明确按燃煤自备电厂有关标准收取备用费，新疆明确按燃煤自备电厂有关标准的 50%收取备用费。部分省区出台源网荷储一体化配套细则办法见表6-8。

表 6-8　　　　　　　部分省区出台源网荷储一体化配套细则办法

序号	省区	政策	时间	主 要 内 容
1	山西	关于印发源网荷储一体化项目管理办法的通知	2022 年 5 月	建设管理：用户侧负荷应不低于 60MW，年用电量不低于 3 亿 kW·h；调节能力应不低于用电侧负荷的 50%，持续时间不低于 4h；新能源电量消纳占比不低于总用电量 40%。 并网管理：与省级电网应有清晰物理界面；有独立的项目支持系统以满足电网调度需求；所有设备不能超过所在市（县）行政区域。 运营管理：优先考虑脱贫地区一体化和增量配电网一体化
2	青海	关于印发青海省电力源网荷储一体化项目管理办法（试行）的通知	2022 年 11 月	建设管理：负荷必须为新增负荷，每年消纳电量不低于 4 亿 kW·h；电源侧按新能源装机的 15%、2h 配储能，负荷侧按负荷的 5%、2h 配储能，综合储能设施及可调节、可中断负荷按照用电侧负荷的 20%、2h 配套调节能力。 并网管理：应接入同一公网输电并网点，并在一个 750kV 变电站下运行，源、荷接入不同并网点时，地理距离不得超过 200km。 运营管理：源、荷项目业主应为同一企业法人控股，同一负荷不得重复配套新能源项目

续表

序号	省区	政策	时间	主 要 内 容
3	甘肃	关于印发甘肃省电力源网荷储一体化项目管理办法（试行）的通知	2023 年 4 月	建设管理：负荷应为新增负荷，负荷未建成，配套源、网、储不得并网运行；严禁借一体化名义为违规电厂转正，将公用电厂转为自备电厂；电压等级应为 330kV 及以下；储能配置不低于新能源规模 15%（4h）。 并网管理：应作为一个整体接入公网，与公网形成清晰的物理界面。 运营管理：须建设调控平台，接受公网统一调度，响应调节指令；不能占用系统调节能力，不向电网反送电
4	新疆	关于做好源网荷储一体化项目建设有关工作的通知	2023 年 5 月	建设管理：原则上由一个投资主体建设；新能源和负荷距离不超过 50km。 调峰能力应不低于用电侧负荷的 15%、持续时间不低于 2h。 并网管理：与大电网应形成清晰物理界面。 运营管理：自发自用电量应按规定缴纳政府性基金、农网还贷资金以及政策性交叉补贴；作为独立市场主体参与市场交易，可通过大电网购入新能源电量；强化自主调峰、自我消纳，原则上不向大电网反送电
5	内蒙古	关于印发内蒙古自治区源网荷储一体化项目实施细则 2023 年修订版（试行）的通知	2023 年 11 月	建设管理：源网荷储一体化项目应自我消纳，应为同一投资主体控股，作为一个市场主体运营；新增负荷年用电量超过 3 亿 kW·h；储能配置不低于新能源规模 15%（4h）利用率不低于 90%。 并网管理：与公网形成清晰的物理分界面，不得向公网反送电；因负荷停运（检修）或调峰能力不足造成弃电，项目投资主体自行承担风险；新能源部分不得早于新增负荷、储能设施投产；须同步建设调控平台，作为整体接受公用电网统一调度。 运营管理：自发自用电量暂不征收系统备用费和政策性交叉补贴
6	宁夏	自治区发展改革委关于做好源网荷储一体化项目建设的通知	2023 年 12 月	建设管理：应由同一投资主体建设并作为一个市场主体开展运营；原则上不向电网反送电，不计入全区新能源利用率统计范围，自行承担弃电风险；负荷应为新增负荷，且与存量负荷不得有任何电气连接，年用电量不低于 5 亿 kW·h。 并网管理：电源与负荷原则上应在同一区域范围内，应接入同一汇集点，汇集点与大网通过专线联络，与大电网间形成清晰物理界面。 运营管理：自发自用电量按规定缴纳政府性基金及附加、政策性交叉补贴和系统备用费；作为独立市场主体，可通过大电网购电；富余电力可依据调度指令有序上网，上网电量结算价格通过参与区内电力交易方式确定

6.3.2　源网荷储一体化推进现状及问题分析

（1）推进现状。

根据是否与负荷整体开发，可分为"电源+负荷"和"电源侧多能互补"；根据与电网的关系，分为离网型和并网型；根据投资主体，针对源、网、荷、储各元素，分为同一和不同主体投资；根据运营方式，分为联营联运和联营不联运。

受政策影响，地方政府、发电企业、用户等推动源网荷储一体化项目积极性较高。初步调研统计，"电源+负荷"类项目以西北、东北、华北居多。电源侧多能互补项目主要分布在四川、内蒙古、河南等省区。总体看，项目大多处于规划前期和建设阶段，正式投产项目较少。

（2）问题分析。

一是缺乏项目接网服务规范和技术规范。国家未明确一体化项目接网服务规范，电网企业按照电源、用户还是电网，提供接网服务缺乏依据。同时，源网荷储一体化项目缺乏涉网性能统一规范，参与系统响应的标准尺度不一、能力缺乏预期，在故障时参与系统响应，可能会带来电源大规模脱网问题，影响系统稳定。部分一体化项目不经电网直接接入用户，带来交叉供电、电磁环网等安全隐患，反送电问题也增加电网作业人员触电风险。

二是可能加剧系统调节压力。"双碳"目标下我国新能源快速发展，在部分新能源富集省区，为安全接入与消纳存量新能源，系统调峰、调频、调压以及转动惯量支撑能力已逐步吃紧。源网荷储一体化电源立足就地消纳，其调节资源不足时，仍需依托大电网调节，既独占消纳空间，还加大了系统调节压力，增加了其他新能源电站弃风弃光可能。

三是影响市场公平和公众利益。当前，源网荷储一体化项目存在电量计量、政府性基金及附加和交叉补贴政策不明朗等一系列问题，存在逃避政府性基金、交叉补贴、备用费用和系统调节成本等风险，逃避社会责任。按照"邮票法"，省级电网输配电价对全体用户执行统一标准，若对一体化项目执行特殊支持性政策，相关损益要向全体工商业用户传导，加重其他用户负担。

6.3.3 源网荷储一体化发展的相关建议

一是加强统一规划，确保源网协同发展。以"整体平衡、量率一体"的原则，合理确定省内新能源发展规模，在此范围内确定源网荷储一体化新能源规模。项目应符合国家能源电力规划，新能源、负荷、储能、供电设施等作为整体统一纳入政府相关规划，实行一体化核准，同步建设、同步投产。

二是加强规范管理，确保科学有序开发。原则上源网荷储一体化只针对新增电源、新增负荷，避免存量电网资产闲置和利用率下降。按照大电网安全管理要求，一体化项目作为整体统一接入电网，汇集点与大电网通过专线联络，与大电网间形成清晰物理界面和安全责任界面。一体化项目应具备分表计量条件，在内部发电、厂用电、并网、自发自用、储能等关口安装计量装置，为准确统计发用电情况、计算可再生能源消纳权重、能耗双控和碳排放双控等提供计量基础。

三是加强统一调度，保障系统安全。项目原则上整体参照电源进行调度管理，项目中电源、储能、可调节负荷均应具备"可观、可测、可调、可控"条件，具备接收大电网调度管理能力。推动荷储优化互动，最大程度平抑电网用电高峰时段负荷，提升电网低谷时段用电水平。

四是完善政策机制，确保公平承担各类成本。近期按照从大电网购电的最大需量或容量，计征输配电价容（需）量电费；按照从大电网购电量计征输配电价电度电价。同时，合理制定系统备用费标准，足额补偿大电网服务"一体化"项目的接网及备用成本。对一体化项目全部用电量征收政府性基金及附加、政策性交叉补贴及系统运行费用。**未来**，引入"峰荷责任法"核定输配电价，按照电力需求分摊电网成本。

五是坚持市场化原则，充分发挥市场作用。研究建立源网荷储一体化项目参与市场模式，引导市场主体依托公用电网平台，以参与市场交易的方式，促进新能源消纳、降低用能成本。积极探索新型交易品种和商业模式，推动一体化项目作为整体参与市场交易，并接受市场偏差考核。

（本章撰写人：叶小宁、吴思、冯凯辉　审核人：代红才、王彩霞、胡静）

附录 1　2023 年世界新能源发电发展概况

截至 2023 年底，世界新能源发电[❶]装机容量约为 26.1 亿 kW，同比增长 24.3%[5-7]。其中，风电装机容量为 10.2 亿 kW，约占 39.1%；太阳能发电装机容量约为 14.2 亿 kW，约占 54.4%；生物质能及其他发电装机容量约为 1.7 亿 kW，约占 6.5%，具体如附图 1-1 所示。

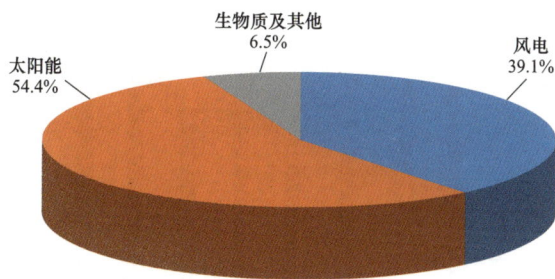

附图 1-1　2023 年世界新能源发电装机构成

2023 年世界分品种新能源发电累计和新增装机容量排名前 5 位国家如附表 1-1 所示。

附表 1-1　　　2023 年世界分品种新能源发电累计

和新增装机容量排名前 5 位国家

类别	排名				
	1	2	3	4	5
风电装机容量	中国	美国	德国	印度	西班牙
新增风电装机容量	中国	美国	巴西	德国	英国
太阳能光伏发电装机容量	中国	美国	日本	德国	印度
新增太阳能光伏发电装机容量	中国	美国	德国	巴西	印度

---

❶　指非水可再生能源。

（一）风电

世界风电装机持续增长。截至 2023 年底，世界风电装机容量达到 10.2 亿 kW，同比增长 12.9%，增速同比上升 3.8 个百分点。2023 年世界风电新增装机容量约 1.2 亿 kW，继续保持较高的新增装机增速[8]。2010－2023 年世界风电装机容量如附图 1-2 所示。

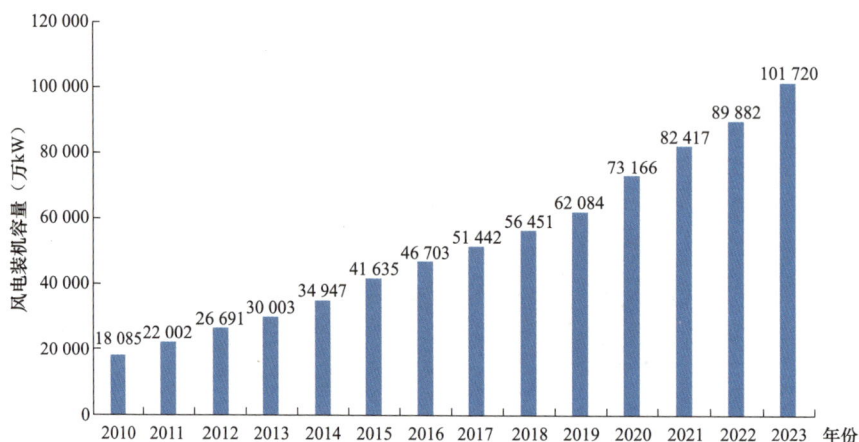

附图 1-2　2010－2023 年世界风电装机容量

亚洲、欧洲和北美仍然是世界风电装机的主要市场。2023 年，从世界风电装机的总体分布情况看，亚洲、欧洲❶和北美仍然是世界风电装机容量最大的三个地区，累计风电装机容量分别达到 5.1 亿、2.6 亿、1.7 亿 kW，分别占世界累计风电容量的 50%、25% 和 17%。

海上风电发展呈现地域较为集中的特点。截至 2023 年底，海上风电累计装机容量 7266 万 kW，约占世界风电总装机容量的 7.1%；2023 年新增海上风电装机容量约 946 万 kW，约占世界风电新增装机容量的 8.0%。截至 2023 年底，海上风电装机容量排名前 3 位的国家依次为中国（3729 万 kW）、英国（1475 万 kW）、德国（841 万 kW）。

---

❶　俄罗斯、格鲁吉亚、阿塞拜疆、土耳其、亚美尼亚归入欧洲国家。

（二）太阳能发电

（1）光伏发电。

全球光伏发电装机容量仍然保持快速增长。截至 2023 年底，世界光伏发电装机容量达到 14.19 亿 kW，同比增长 35.6%；新增装机容量达到 3.72 亿 kW，同比增长 94.5%。2010－2023 年世界光伏发电装机容量如附图 1-3 所示。其中，亚洲光伏发电装机容量达到 5.97 亿 kW，占世界光伏发电装机容量的 57.1%；新增装机容量为 7783 万 kW，占世界光伏发电新增装机容量的 58.5%。

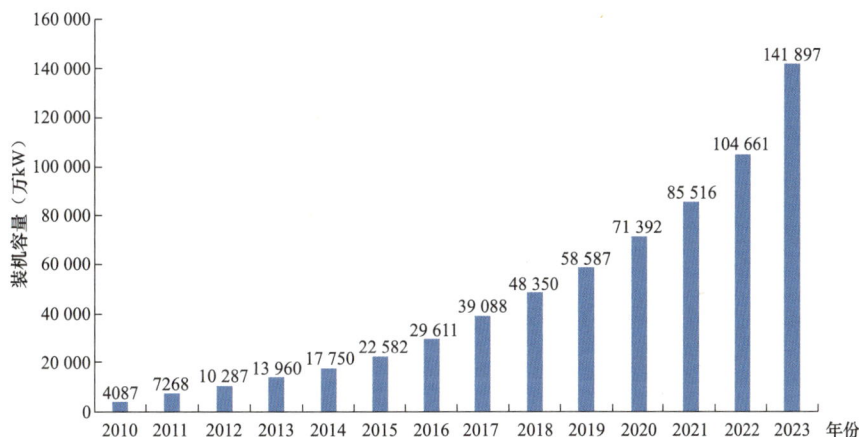

附图 1-3　2010－2023 年世界光伏发电装机容量

世界光伏发电装机主要集中在亚洲，占世界光伏发电总装机 59%。2023 年，从世界风电装机的总体分布情况看，亚洲、欧洲和北美仍然是世界光伏装机容量最大的三个地区，累计风电装机容量分别达到 8.4 亿、2.9 亿、1.6 亿 kW，分别占世界累计风电装机容量的 59%、20% 和 11%。分国家来看，截至 2023 年底，世界光伏发电累计装机容量前五的国家依次为中国、美国、日本、德国和印度，装机容量分别为 60 892 万、13 773 万、8707 万、8174 万、7057 万 kW，五个国家光伏发电装机占世界光伏发电装机的 70%。

（2）光热发电。

世界光热发电装机同比小幅增加。截至 2023 年底，世界光热发电装机容量

688 万 kW，同比增加 5.8%。其中，光热装机排名前五的国家依次为西班牙、美国、阿拉伯、中国和摩洛哥，装机容量分别为 230 万、148 万、60 万、57 万、54 万 kW，五个国家光伏发电装机占世界光伏发电装机的 80%。2010－2023 年世界光热发电装机容量如附图 1-4 所示。

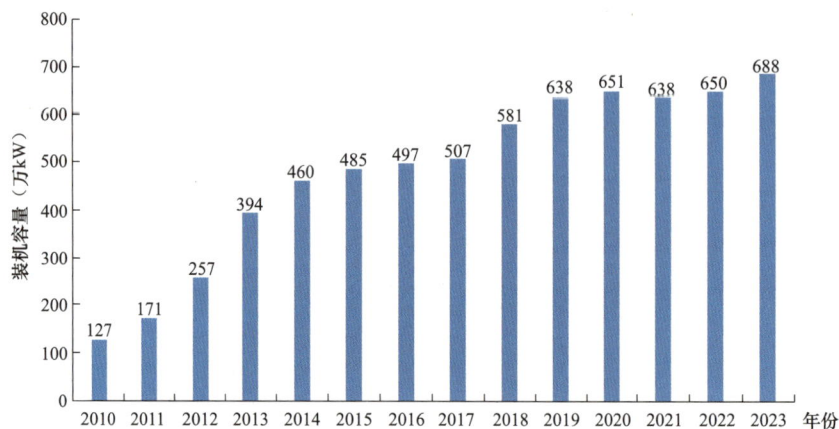

附图 1-4　2010－2023 年世界光热发电装机容量

附录 2　世界新能源发电数据

附表 2-1　　**截至 2023 年底世界分品种新能源发电装机容量**　　百万 kW

技术类型	世界	欧盟	美国	德国	中国	西班牙	意大利	印度
风电	1017	218	148	69	441	31	12	45
太阳能光伏发电	1419	257	138	82	609	29	30	71
生物质能发电	150	34	11	10	31	1	3	10
地热发电	15	1	3	0	0	0	1	0
合计	2601	510	300	161	1081	61	46	126

数据来源：IRENA，Renewable Capacity Statistics 2024。

注　中国按并网口径计算。

附表 2-2　　**截至 2023 年底世界排名前 16 位国家风电装机规模**　　万 kW

序号	国家	装机容量	序号	国家	装机容量
1	中国	44 134	9	加拿大	1699
2	美国	14 802	10	瑞典	1625
3	德国	6946	11	意大利	1231
4	印度	4474	12	土耳其	1170
5	西班牙	3103	13	澳大利亚	1133
6	英国	3022	14	荷兰	1075
7	巴西	2914	15	波兰	931
8	法国	2220	16	丹麦	748

数据来源：IRENA，Renewable Capacity Statistics 2024。

注　中国按并网口径计算。

附表 2-3　　　截至 2023 年底世界排名前 16 位国家光伏发电装机规模　　万 kW

序号	国家	装机容量	序号	国家	装机容量
1	中国	60 892	9	西班牙	2868
2	美国	13 773	10	韩国	2705
3	日本	8707	11	荷兰	2390
4	德国	8174	12	法国	2017
5	印度	7057	13	越南	1707
6	巴西	3744	14	波兰	1581
7	澳大利亚	3368	15	英国	1566
8	意大利	2979	16	土耳其	1129

数据来源：IRENA，Renewable Capacity Statistics 2024。

注　中国按并网口径计算。

附录 3 中国新能源发电数据

附表 3-1 **2023 年中国各省区风电装机及发电量**

区域	风电装机容量 （万 kW）	电源总装机容量 （万 kW）	占比 （%）	风电发电量 （亿 kW·h）	总发电量 （亿 kW·h）	占比 （%）
全国	44 134	291 965	15.12	8858	92 888	9.54
北京	24	1377	1.72	5	471	1.02
天津	171	2568	6.67	32	798	4.00
河北	3141	14 612	21.50	650	3654	17.79
山西	2500	13 226	18.90	542	4461	12.16
内蒙古	6961	21 338	32.62	1355	7566	17.90
辽宁	1429	7244	19.72	331	2258	14.67
吉林	1268	4266	29.72	281	1118	25.18
黑龙江	1127	4484	25.14	269	1295	20.81
上海	107	2954	3.62	24	1015	2.37
江苏	2286	17 888	12.78	537	6270	8.57
浙江	584	13 040	4.48	110	4578	2.41
安徽	722	10 640	6.79	140	3520	3.97
福建	762	8061	9.45	216	3258	6.62
江西	573	6239	9.19	125	1844	6.80
山东	2591	20 754	12.49	526	6481	8.12
河南	2178	13 846	15.73	407	3433	11.86
湖北	836	11 115	7.53	169	3196	5.28
湖南	972	6752	14.40	209	1796	11.66
广东	1657	19 333	8.57	302	6895	4.38
广西	1267	7397	17.13	245	2245	10.92

续表

区域	风电装机容量 （万 kW）	电源总装机容量 （万 kW）	占比 （%）	风电发电量 （亿 kW·h）	总发电量 （亿 kW·h）	占比 （%）
海南	31	1639	1.90	5	479	1.04
重庆	206	2958	6.95	40	1101	3.66
四川	770	12 947	5.95	167	4983	3.35
贵州	616	8365	7.37	125	2403	5.19
云南	1531	13 161	11.63	288	4151	6.94
西藏	18	633	2.84	1	140	1.05
陕西	1285	9607	13.38	220	3120	7.06
甘肃	2614	8650	30.22	437	2113	20.66
青海	1185	5448	21.76	161	1008	15.97
宁夏	1464	6956	21.04	294	2215	13.26
新疆	3258	14 468	22.52	643	5026	12.79

数据来源：中国电力企业联合会《2023 年全国电力工业统计快报》。

附表 3-2　　　　　2023 年中国各省区太阳能发电装机及发电量

区域	太阳能装机 （万 kW）	电源总装机容量 （万 kW）	占比 （%）	太阳能发电量 （亿 kW·h）	总发电量 （亿 kW·h）	占比 （%）
全国	**60 949**	**291 965**	**20.88**	**5833**	**92 888**	**6.28**
北京	108	1377	7.87	11	471	2.34
天津	490	2568	19.06	39	798	4.84
河北	5416	14 612	37.07	553	3654	15.13
山西	2490	13 226	18.83	275	4461	6.16
内蒙古	2306	21 338	10.81	291	7566	3.84
辽宁	958	7244	13.22	111	2258	4.91
吉林	460	4266	10.78	62	1118	5.56
黑龙江	565	4484	12.60	77	1295	5.98
上海	289	2954	9.80	23	1015	2.31

续表

区域	太阳能装机（万kW）	电源总装机容量（万kW）	占比（%）	太阳能发电量（亿kW·h）	总发电量（亿kW·h）	占比（%）
江苏	3928	17 888	21.96	358	6270	5.71
浙江	3357	13 040	25.74	296	4578	6.47
安徽	3223	10 640	30.29	270	3520	7.66
福建	875	8061	10.85	70	3258	2.16
江西	1993	6239	31.94	155	1844	8.39
山东	5693	20 754	27.43	627	6481	9.68
河南	3731	13 846	26.95	331	3433	9.65
湖北	2487	11 115	22.38	226	3196	7.08
湖南	1252	6752	18.54	87	1796	4.85
广东	2522	19 333	13.05	211	6895	3.07
广西	1090	7397	14.73	81	2245	3.59
海南	472	1639	28.82	42	479	8.71
重庆	161	2958	5.44	7	1101	0.61
四川	574	12 947	4.43	52	4983	1.05
贵州	1644	8365	19.65	136	2403	5.65
云南	2072	13 161	15.74	137	4151	3.31
西藏	257	633	40.56	26	140	18.27
陕西	2292	9607	23.86	196	3120	6.29
甘肃	2540	8650	29.36	249	2113	11.77
青海	2561	5448	47.01	290	1008	28.76
宁夏	2137	6956	30.71	282	2215	12.73
新疆	3007	14 468	20.78	262	5026	5.22

数据来源：中国电力企业联合会《2023年全国电力工业统计快报》。

参 考 文 献

［1］中国电力企业联合会. 2023 年全国电力工业统计快报［R］. 北京，2024.

［2］国家统计局. 中国统计年鉴（2023）［M］. 北京，2023.

［3］中国光伏产业联盟. 2023 年中国光伏产业发展报告［R］. 北京，2024.

［4］国家电网公司发展策划部，国网能源研究院. 国际能源与电力统计手册（2024 版）［R］. 北京，2024.

［5］IEA. World Energy Outlook 2023［R］. Paris，2023.

［6］IRENA. Renewable Capacity Statistics 2024［R］. Abu Dhabi，2024.

［7］BP. Energy Outlook 2024［R］. London，2024.

［8］GWEC. Global Wind Report 2024［R］. Brussels，2024.

致　谢

本报告在编写过程中，得到了中国能源研究会可再生能源专业委员会及一些业内知名专家的大力支持，在此表示衷心感谢！

诚挚感谢以下专家对本报告的框架结构、内容观点提出宝贵建议，对部分基础数据审核把关：

薛　静　李　鹏　栾凤奎　鲁宗相　江　华　马丽芳　王卫权　樊　昊
于贵勇　韩　雪